照著做,

個人&家庭
的理財規劃聖經

PERSONAL AND FAMILY
FINANCIAL PLANNING

提前10年
享受財富自由

理財規劃、保險規劃、退休規劃、投資規劃、稅務規劃、全方位理財規劃

4大步驟到位, **37**個動作拆解,

教你如何建立**財務生態池**,讓金錢能夠自己生生不息,不再煩惱**老後的花費支出**或**子女的教育金**!

完善家庭與個人的財務管理,做這些就夠了

CFP國際認證高級理財規劃顧問 **吳家揚** 著

財富自由的

建立觀念		收支分配	

◆ 建立財富藍圖
◆ 了解一生花費總額
◆ 打造財富之梯
◆ 善用理財工具
◆ 了解投資風險
◆ 運用複利效果
◆ 所得稅實務

你要成為哪種人？

高收入高支出
沒有考慮未來

一般收入計畫支出
有未來性

平時就該養成的習慣

省錢省錢省錢

年終獎金
考慮未來

越早知道越輕鬆
提早十年財富自由

配置比重決定
誰是真正贏家

四大要項

理財行動

老後退休

股票投資

退休後錢的來源：
勞保、勞退和自存

房地產投資

退休後四大花費
準備好了嗎？

保險

保單調整

綠能投資
黃金投資

厚實老本

**避免成為
下流老人**

投資戰術策略
攻擊防守兼備
厚實財庫

迎接豐盈自在的
幸福人生

CONTENTS

步驟 **2**

充滿笑聲的理財術

CONTENTS

步驟 **3**

擁有活力的財務行動

股票投資篇

CONTENTS

步驟 **4**

一家子美滿的退休規劃

CONTENTS

前言
脫離爆肝人生，
讓人生成為彩色的！

37 歲財富自由大概是每個人的夢想，但只有少數人可以做到，為什麼？「知道是一件事，做到又是另外一件事」，具體實踐才是重點。將夢想化為每天可以身體力行且不吃力的動作，早晚會將夢想實現，比一般人提早十年享受財富自由也不錯。

坊間的投資理財和保險的專書很多，但總是覺得不夠到味，無法涵蓋一個家庭或個人的實際所需，本書內容可當受薪家庭的家庭財富管理指南。它不談理論，每個步驟都是我自己實際操作過，一步一腳印從存小錢開始，從簡單的投資理財工具做起，如果你願意跟著做，相信十年、二十年後，有行動和沒有行動者的財富水平會差很多。至於更複雜的投資工具或稅務規劃，有機會以後再來談。

善用財富公式

首先，要建立正確並實際可行的財富藍圖。觀念養成很重要也不容易，需要長期培養並適時修正。你算過嗎？

一個小家庭三口之家在台北市生活，一生花費至少5,000萬。但現在台灣遇到經濟轉型問題，許多公司殭屍化，無薪假、公司惡意倒閉或忽然收起來，勞工工作權受到挑戰，這該怎麼辦？

在這個變動的時代中，並非我們認為可以安穩地做同一份工作一輩子，然後順利退休並領到退休金。如何在失業或無法工作之前賺到所需，就是一個重要的課題。平常就要多吸收投資理財的正確知識，善用投資管道和工具，運用複利效果和多玩玩所得稅公式，可以加速財富累積的速度。

許多人會抱怨學校都沒有教投資理財的課程，造成「不會投資理財」，真的是這樣嗎？難道都沒有學習管道嗎？這樣的課程，現在到處都有，也有書籍可以參考。說自己不懂投資理財都只是藉口，把時間花到其他地方去了。

理財實際上很簡單，就是將收入支出做一個合理的安排，並要考慮將來。但如果收入有限需要創造「額外」的收入為將來打算，就要靠投資。將理財擴大為投資理財，難度就大許多了。

我高中時代就投入股市，三十年股市投資經驗，多空和大漲崩盤都遇過，這讓我不管股價怎麼波動，都睡得著

覺。投資有一定的功課要做，要追求「正報酬」這件事，對許多人來說已經很難，平均每年報酬率10％，更是覺得不可思議。

投資是一門技術，更是一門心理戰，有時很難熬。投資標的也像選美一樣，自己認為的候選人美並不重要，要大家公認的美女，才會贏得比賽。既然這麼複雜，所以也很有趣。

用記帳了解自己

每個有錢人一定有記帳的習慣，記帳這個動作不會變有錢。但弔詭的是，它讓自己更了解自己，也了解資金流向，如果自己覺悟從中發現那裡漏財，想辦法調整且不會影響生活品質的情況下，從中省下一些花費轉換為儲蓄。這種行動會在日積月累中聚沙成塔，便會省下一桶金。再透過投資，逐步厚實財庫實力。

保險是一個獨立而重要的課題，二十年前還有6％以上的預定利率，儲蓄險可以累積可觀的財富。現在低利時代，保險費用昂貴。投保保險的意義應該回歸本質，以保障為優先，防止生活被改變。

投資和學習也需要費用，「好的老師讓你上天堂」、「書中自有顏如玉，書中自有黃金屋」。根據我實踐的結

果，「係金A」。

　　該花的錢不要省，不該花的錢則能省則省然後用在投資。至於儲蓄，是指放在銀行的現金，夠六個月的生活必要支出應該就夠了，不用太多。

　　人生十年一大運，要改運需要在關鍵時刻做出關鍵決定。我的關鍵時刻是34歲時參加經濟部跨領域科技管理（MMOT）專案，讓我人生的眼界大開。運用MMOT所見所學，做出關鍵決定「進入新公司大量認購股票」，才能在工作不到十年就財富自由。之前累積的股票投資經驗和產業研究，也讓我敢做出這個關鍵決定。

　　我曾經十多年過著爆肝工程師「科技新跪」的生活，跪著求老闆施捨的奴工生活。在這麼忙碌的生活中還要擠出時間學習投資這門功課，表示我有決心想脫離這種生活。你有這種決心嗎？很幸運的，我還真的從奴工生活中解放出來，從此人生變彩色的。

　　工作、學習、理財和自由生活，是我所稱的「財富之梯」，本書將「理財」這個面向寫得更具象實用。投資自己公司的股票，可能可以賺大錢。但事後看來，很多公司股票都有這種機會，你並不需要是它的員工，只是當機會來臨時，你是否會知道？能不能掌握住？這就是平常投資要學要注意的事。

　　你並不需要是CFP（國際認證高級理財規劃顧問），也不需要高深的數學統計基礎，只要平常多留意相關訊息，足以讓你養成正確的觀念和行動，財富自由也只是時間問題。當然，看完這本書，或許會讓你下定決心加快腳步。我37歲到達財富自由時，還是一個爆肝的科技人呢，也讓我榮獲Money錢雜誌封面人物專題報導。

　　關於財富自由這件事，並不是隨機發生，而是計畫性作為。這裡的觀念和作法都是具體可行，也是個人過去實踐的成果，書中的方法本來是當作傳家寶，現在許多讀者有需要，就將這些做法逐步公開。

　　最後，感謝所有一路上有緣相逢的各位，並將這本書獻給家人當傳家寶。

步驟 **1**

讓你幸福一生
的財富觀念

知道共需要準備多少錢
才可以財富自由,
將是讓自己可以從一般人
成為有錢人的第一步。
作者將引導你從人生的三大階段,
一步步估算出
你需要多少容量的「大錢櫃」。

1 畫出一生受用的財富藍圖

思考資產配置時，可以區分為「核心資產」與「衛星資產」兩大部分。

投資收益有九成由資產配置決定，在個人的資產王國之中，資產配置就如建國大綱地位一樣神聖，但困擾人的是：「我們要如何做好資產配置？」

資產配置就是將資金分配於多種資產類型，例如公債、股票、原物料、REITs（不動產投資信託受益證券）高收債等，運用不同資產價格漲跌的相關性，降低整體投資組合的風險。在有效的資產配置可不必犧牲長期合理報酬的前提下，降低投資組合的價格波動度。

進行資產配置時，可以區分為「核心資產」與「衛星資產」兩大部分。特別要強調的是，一如所有的投資行為，進行資產配置一定要先思考個人的特質、風險承受度、資產等條件，決定投資的工具、內涵以及比重。

「核心資產」顧名思義是資產的核心，投資的波動性及風險承受度相對保守，配置策略上要顧及能抵禦市場系

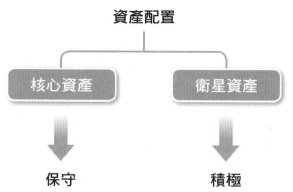

圖：吳家揚

統性風險；而「衛星資產」則相對積極，肩負攻擊性任務，在配置策略上是用來提高報酬率，波動性及風險相對高。當前的變動環境，工作薪資收入應該當成衛星資產。

核心資產的地位如皇太后

核心資產在配置上要具備「相對大」的比例，以宮廷劇來說，後宮佳麗三千，寵疏不一，而核心資產位置最好如母儀天下的皇太后，難被撼動。

因此核心資產的理想條件必須不受景氣循環、市場多空消息、非經濟因素的影響，而且波動度相對小，並應具有能提供穩定報酬率的特性。

簡單來說，核心資產就是相對穩健的資產且至少要保本，屬於投資人長時間持有的投資工具，可以買了就放著

數十年的資產，不要讓我們太心煩。

這些資產可以是房地產、保險及能產生現金流的資產，房租收入、還本型終身壽險、高收益債或股票配息等。在正常的情況下，時間到了會自動產生現金流入，利用這些錢可以支撐生活所需，成為「被動收入」；或者這些錢可以「再投資」創造複利效果。

稅務問題是富裕人士會關注的重點，但平民百姓也不應該輕忽，最重要的就是不要繳不該繳的稅，而某些投資工具，例如，房地產和保險是常見的節稅工具，就可以放進核心資產這個錢櫃中。

房地產的節稅優勢

依據遺產及贈與稅法第10條規定：「遺產及贈與財產價值之計算，以被繼承人死亡時或贈與人贈與時之時價為準；被繼承人如係受死亡之宣告者，以法院宣告死亡判決內所確定死亡日之時價為準。」

也就是說，當遺產為不動產時，則房屋以評定現值，土地以公告現值為準，課徵遺產稅，通常評定現值和公告現值均較市價低。（這裡只強調遺產的部分，贈與不動產部分則不討論。）

一般被繼承人過世時，留下的財產大都相當多樣，例

如現金、存款、股票，以及不動產等，多數財產按稅法規定，均須以被繼承人死亡時的時價課遺產稅。

不動產節稅的方式就是將部分現金購買不動產，改成以較低的土地公告現值或房屋評定現值報繳遺產稅或贈與稅。

保險的多元優勢

現在許多人認為保險是不必要的支出，這是錯誤的觀念。事實上，保險是身價的一環，透過保險節稅外，也等於同時用較少的資金，取得風險管理和資產保值的效果。

越早將保單放入核心資產中越安心，也可以避免將來「實質課稅」有逃漏稅嫌疑的麻煩。用對方法，保險也有節稅效果。

人無法計算風險，也不用和上帝對賭，乖乖的買保險，將自己和家人的風險「大部分或全部」轉移給保險公司。

雖然現在台灣有全民健保，可以節省許多醫療費用支出。但隨著國家財政惡化，將來醫療自費額有越來越高的趨勢。尤其是汙染的空氣與土地，還有黑心食品橫行，癌症和各種疾病罹患率不斷上升。雖然醫療技術進步，但死不了、活不好的醫療和看護支出費用也會大幅增加。

許多人都想以後再買保險或乾脆不買保險，對自己身體狀況和投資能力非常有把握，也輕忽保費上漲的速度。未來可能會由於身體因素或財務因素，讓人無法購買或買不起。

有些人認為拿保險費去投資，賺得到一大筆錢，未來的醫藥費也會有著落，這更是無稽之談。要知道，這種觀點的神奇假設是，「個人要有良好的投資績效並能順利複利數十年」，才能創造出少許保費就能產生的效果。

二○○八年金融海嘯時，唯一沒有減損反而穩定增值的資產，就是「增值還本終身壽險」。其餘的資產，不管怎麼分散區域、國家去投資，結果都一樣慘不忍睹，幸好不到一年的時間，市場就恢復原來成長力道。

衛星資產首重有衝勁

衛星資產則需要比較有衝勁的資產，才能讓資產快速增加。因為有衝勁，所以「波動」大，「變化」也大，這類型資產需要花更多時間關心。

「工作收入」絕對第一優先，以選擇年薪高或會分紅配股的公司為要。不想一輩子領低薪者，要有隨時為自己加薪的企圖，培養隨時可換工作的能力。

「投資理財和其他收入」的能力，也要隨時培養。我

準備一個大錢櫃，為未來做準備

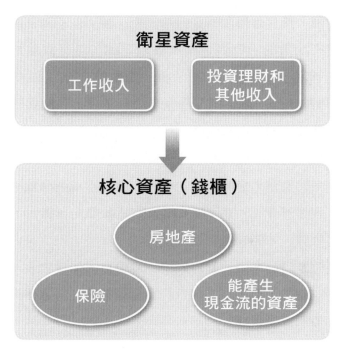

圖：吳家揚

們可以拿「必要支出」外的所有錢進行投資，但投資前要先試算模擬，等到有把握再投入資金。衛星資產的風險承受度要比較大，最大原則是「不能讓自己每天都睡不好」。

除工作外，在投資市場上投入股票或基金也屬於衛星

資產，不論採單筆和定期定額都可行，隨時要將風險擺在心裡面。要在能適度接受風險的狀況下，做適度的操作，長期而言，獲利是可期的。

資產配置的影響與資產多寡成正比，越有錢越要注意。還沒晉升高資產階級之前，要做的就是「集中火力」，增加工作所得，選擇最好的投資工具，長期累積報酬，藉此快速增加衛星資產。

要持續的將錢從衛星資產「搬到」核心資產中存放，根據本身的需求，進行有效的分配。就像「現金流量」轉換成「現金存量」，所有白手起家的富豪都是這樣做，也因為這樣做，才能成為有錢人。

隨時為自己準備一個大錢櫃，培植自己配置資產的能力。一旦精熟上軌，富二代也許資產總額高，但這種餘裕能力連他們都會眼紅。

人生的收支曲線圖

從一般人到有錢人，可以透過有計畫的執行達到。知道自己需要準備多少錢，是第一步，接著就要開始擬定策略行動。

許多人說自己一生不求大富大貴，只求安穩過小日子。然而，無風無浪的一生需要用到多少錢？多數人對自己一輩子的花用，心中沒個譜，因此大半生扛著龐大的財務壓力，口袋有錢、沒錢都心浮不安。

理財的關鍵動作之一，先弄清楚這輩子所需，不要小看這個數字，這是個神奇的數字，它是財富之鑰，也是幸福致富的關鍵密碼。

要怎麼知道人生財務需求為何呢？「人生收支曲線示意圖」是根據大數據統計所得資料繪製，透過這個圖表，可清楚了解人生各階段獨特的財務需求動態。

從三大階段評估花費

人生可概略分為三大階段：第一階段為出生到就業，

人生收支曲線示意圖

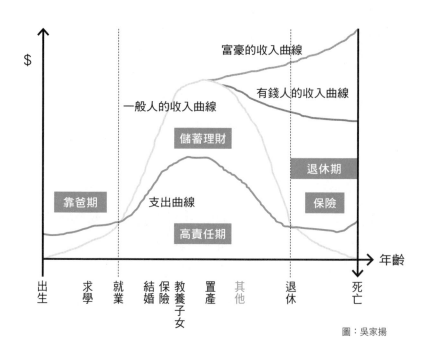

圖：吳家揚

第二階段為就業到退休，第三階段為退休到死亡。每個階段各有所需的重大支出和收入金額。

以在台北生活，年輕夫妻養育獨生子女一家三口的小家庭為例：假設夫妻雙薪從25歲開始工作，持續工作四十年，65歲退休，活到85歲死亡；養育一個子女從出生到大學畢業；通膨每年1％。

計算這樣所需要的花費是：

第一階段「靠爸期」

人生第一階段基本上只有支出，鮮少有收入，原則上就是靠父母供應支持。部分人或許有打工的收入，但是占整體支出仍是少數。幸運一點的人，或許父母會幫忙買基金、股票代為投資，這段時間父母無條件付出，通常不求回報。

這個階段會花掉多少錢呢？從呱呱墜地到大學畢業，0到22歲，估算每月平均花費約2萬元，以通膨每年1%計算，二十二年共需要花費587萬，以600萬估算。

不過，如果參加補習、才藝班、安親班、讀私立學校、遊學，或者讀研究所等，金額則遠大於此。也就是說，從襁褓到大學畢業，省著花用，至少也要從600萬起跳。

第二階段「高責任期」

第二階段進入高責任期，如果結束單身進入小家庭，財務收支的運用改以小家庭為單位。在高責任期所需要的花費，簡單概算大致有：

婚禮開銷盡量收支平衡，皆大歡喜；養兒育女到22

歲含教育費用，前述已估計約需600萬；購屋置產以大台北公寓房價計算1,200萬（房貸1,000萬，二十年，利率2％，每月付5萬本利）；基本款汽車60萬元，假設超節制的二十年換一部車，四十年只換兩部車，付現120萬元；房屋稅、地價稅、汽車牌照稅、燃料稅、保養費、油錢和交通費，一年概算6萬，四十年共240萬元（每月5,000，不計通膨）。

　　一家三口過簡樸生活，家庭基本開銷每個月2萬，以通膨每年1％計算，四十年共花費1,173萬，算整數1,200萬。保險每年20萬，繳二十年，共400萬；維持小日子的小小品質，每年旅行花費估6萬元，這個金額只能國內旅遊，如要國外旅遊要很精省、懂門道，四十年共240萬（每月5,000，不計通膨）。

　　上列計算只估算基本開銷，不含奉養父母的孝親費用等，一個小家庭在這階段的大項消費加總起來，至少4,000萬。

第三階段「退休期」

　　第三階段假設從65歲退休到85歲死亡，生活費每月3萬，以通膨每年1％計算，估算要792萬，以整數800萬計算。這時候每個月3萬元的購買力，相當於四十年前每

個月2萬元的購買力,退休後基本的生活品質應該可以維持一定水準。

此外,預留200萬元當緊急支出或部分旅行支出。萬一人生最後十年生病需要看護費、營養費、醫療費用,如果買到足夠保障,可將這筆費用完全或大部分移轉給保險公司,否則可能要賣房、移居,或以房養老來支付。這個階段的基本開銷要1,000萬元起跳。

高風險時代,贏在有準備

從上面的估算看來,小家庭的大項目費用加總起來,需要的消費金額至少5,000萬元,含4,000萬元基本開銷和1,000萬元養老金。

兩個人花四十年賺5,000萬元,不難。但如果要購屋,至少有二十年的時間,每個月要賺10萬元以上,才有可能打平開銷,房子才不會被法拍。

如果一切順利,照著期待中的「完美劇本」走,前提是小家庭一生會養大一個小孩,留下一間房子。幸運一點,或許還有機會留下一些保險金,這是一般人的收支曲線圖。

然而,經濟轉型快速,不論藍領、白領階級,隨時有失業的可能,遭逢生病或意外而被迫退出職場,這一天何

時到來，我們不會知道，一定要在這天來臨之前，做好賺到5,000萬元的準備。

如果夫妻同時中年失業，45歲就被迫退出職場。兩個人只賺二十年，要賺到5,000萬元，難度就稍微提高了。所以在第二階段的高責任期，除了工作收入之外，本業收入除了必要支出外，都必須投入理財，滾動財富的效果才會越大，而且收入要遠高於支出，才能有儲蓄為老後存糧。

莫讓長命百歲成為災難

台灣人壽命不斷延長，百歲人瑞越來越多。根據媒體調查，台灣有六成的人不了解如何做退休理財規劃，而且36歲才開始計畫。

事實上，金融局勢多變，退休理財規劃的難度越來越高，越早行動越好。

我常常提到「財富之梯」的概念，建議大家從工作、理財、學習三面向，為自己打造通往財富的自由之路。而這也是有錢人族群靠著工作和理財收入支付生活支出，讓儲蓄理財的淨資產大於所有支出，財富才得以持續累積或至少不蝕老本的原因。

以行動翻轉命運

英國的一項調查發現，英國超級富豪父母將四分之三的財富留給子女，要三百年後，其子孫財富才會與一般英國人一樣。

超級富豪建造的是「財富火箭」，靠著自己的「產業」收入，財富得以迅速增加並持續累積，而其成長之快速，根據推估，到了二〇一六年，全球財富金字塔頂端1%的富豪可能擁有或控制全球半數的財富，而金字塔底部80%的人，資產總合只占全球財產的5.5%。

要成為富豪族群不只是需要努力，還需要天時地利的條件配合。但是從一般人到有錢人，是可以透過有計畫的執行而達到。

當你知道自己需要準備多少錢，是第一步，接著就要開始擬定策略行動。有準備的人和沒有準備的人，可以選擇退休時間甚至相差達二十年。聰明的你，開始打造自己的「財富之梯」吧！

3 打造通往 財富自由之梯

生財計畫可以透過SOP（標準作業流程）達成，我稱為「理財金三角」，又稱為「財富之梯」。

金融市場劇烈動盪，有人憂心是不是金融風暴又來了，上班不安，頻頻盯著手機看盤，也有人認為市場已經大幅回檔修正，認為富貴險中求，此時是進場撿便宜的時候。

許多上班族問我該怎麼做比較好？不管是「看多」還是「看空」，提問人藏著焦慮與不安。這對生涯的發展不是好事，投資理財是為了讓生活更有品質，而不是干擾生活，因而先建立一套適用的生活架構才是首要之務。

很多人只把理財放在「股票投資」這個項目上，甚至有的年輕人一心想著從資本市場賺到錢，「權證王子」、「基金小哥」、「債券天后」等封號充斥，好像從資本市場撈錢，如反掌折枝一樣簡單。這是危險、偏頗的觀念，投資天王見諸媒體的是一時的績效，但我們要的是長遠的

生活，這是兩回事。

　　生活的目標是什麼？夢想是什麼？打個比方，人生的目標與夢想就像樹上的果實，要吃果實，我們會想辦法爬到樹上摘果子，但每個人觸及目標的方式不同。將果實換為實際夢想清單時，又將如何達成？最簡單的辦法就是找到梯子，隨上隨下既安全又便利。但梯子從何而來？可以買來或自己建造嗎？

讓夢想成真的財富之梯

　　如果我們沒有富爸爸或中樂透，也沒有善心人士捐贈一大筆錢給我們，顯然是自己要努力建造這個梯。每個人的目標清單不一樣，我的經驗是，當夢想與目標越能鉅細靡遺的寫下時，對應的生財計畫就會因應而生。這個可造之梯真實存在，可以透過SOP（標準作業流程）達成，我稱為「理財金三角」，又稱為「財富之梯」。

　　簡單來說，工作與理財收入讓生活得到財務的支持，工作與理財收入就如梯子的兩個縱桿，而學習則如梯子的橫桿，讓人向上攀爬，摘取自由生活。

　　透過工作、理財、學習，成為理財金三角，讓人一方面享受工作樂趣，一方面朝向自由生活目標前進。

　　打造「財富之梯」只要簡單三步驟：第一，以上班累

由工作、理財、學習搭建而成的財富之梯

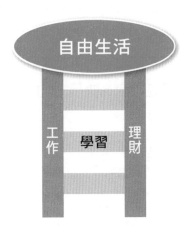

圖：吳家揚

積本金。第二，學習獲取改變的機會。第三，以理財增加
財富。以我自己實際操作的經驗，透過這樣的三步驟，
四十歲就安心離開職場，比平均退休年齡提早二十多年。

　　這樣的方法不會讓人一夕暴富，但是能讓個人健康、
家庭、財富、自由、工作各自占有均衡位置，而非讓其中
一項獨大，導致生活失衡。

　　接受媒體採訪時，常會有人問我：「你是如何以普通
上班族身分達到財富自由，提早二十年退休？」

　　我想強調，人生只有退出職場，沒有退休這回事，只

要還有呼吸，一定會做些什麼，對我而言，財富自由的最大目的，是讓自己不受職場羈絆，做自己想做的事。

財富之梯的最重要基石

工作收入是財富的基石，是「財富之梯」最重要的第一根柱子。千萬不能本末倒置，將理財放置成重心，除非已經累積到大筆財富。

我們努力在工作上求表現，爭取升遷加薪的機會。本業收入除去必要支出外都投入理財，滾動財富的效果才會越大。

工作之餘則撥時間來學習。學什麼呢？本業專業技能、未來工作需要的專業技能，還有理財。

提高本業專業技能可以讓工作更輕鬆，樹立專家形象，加薪升官才有希望。工作職位升遷會讓人視野不同，往來的對象與擁有的周邊資源也隨之擴充。而本業上獲得肯定，會帶給我們正向的能量，對事情的判斷會更精準順利。

另一方面，即使當前工作發展順利，也不能失去警覺性，現在社經環境變化太快，稍有不慎，在職業發展中隨時要有危機意識，做好「轉型」的準備，所以平常也要準備好未來的專業。

簡單說，讓自己多幾把刷子，從 T 型人（單一專長的專家）變 π 型人（多樣專長、專家的老師），可以悠遊於不同行業中。

觀念轉動，生活處處是黃金

工作場域是黃金寶地，如果認真在自己的行業鑽研，會發現處處是機會。

有個年輕朋友是老機構裡的小行政人員，受限於學歷條件，一時之間沒有升遷、加薪的機會，家境不允許他沒收入，於是心情鬱悶來找我談。我與他提到「工作場域是金礦」的觀念，提醒他充實理財知識。

他是個上進的年輕人，和廠商聯絡的苦差事沒有人要做，他不怕苦就承接下來。一段時間後，他注意到那陣子螺絲帽廠生意很好，和上下游廠商電話聯絡時，多關心幾句，發現該產業股價偏低，就從每個月薪水中，撥一大部分買該產業股票，半年多後，股價開始飆漲，賺進不只一個年薪。

下班後的生活如果是打怪、滑手機，不如拿來提升未來專業和理財技能，理財是一輩子的功課。我觀察過一些國家，台灣是低學習成本與高學習品質，甚至有許多免費理財課程和講座，可用來增加財商和財富。真的沒有時間

外出時，利用零碎時間閱讀書籍，也能聚沙成塔、累積知識，書中真的有黃金屋。

贏一世的投資理財觀

或許有人會認為巴菲特靠投資成為巨富，但實際巴菲特是工作收入，因為他是專業投資人，投資賺錢就是他的工作。

在投資市場要立於不敗之地，只要不貪心，不難，但至少要經過幾次多空循環的淬鍊，才有可能。醫生要七年的養成教育，再加上實務經驗，至少二十年才出師。各行各業都一樣，總要經過一段時間的打滾，才會真正變厲害。

一般人談股票投資，隨便看看、隨便聽聽，就想賺錢，顯然心態不正確，所以賺不到錢。這正是投資理財詭異和迷人的地方，必須加強理財專業知識，才能悠遊於投資市場中不滅頂。

前面提到年輕人投身螺絲帽產業股票賺到錢的例子中，年輕人還是在本業中盡力求表現。證明只要有心就有機會，透過投資就能賺到超乎預期的報酬。合理的投資理財目標是賺取年報酬率10％，千萬不要被「一夜致富」的話誘惑。

　　投資的最高原則是「睡得安穩、吃得下」，鎮日盯著漲跌幅心情上上下下、對美國升不升息比對家人、男女朋友還關心，夜裡輾轉不安起床還要看道瓊指數，這些行為實不足取。

　　即使做了這些事情而短期獲利，放長遠來看，仍是侵蝕人生利基，而踏實的建築屬於自己的「財富之梯」，讓人既能朝財富自由邁進，又能安心自在的過日子。

4 善用適當理財工具，盡早達成目標

依據個人風險承受程度和獲利期待，選擇適當的投資理財工具進行財務配置，財富才有隨時間增長的機會。

台灣人愛儲蓄，連二〇一五年的諾貝爾經濟學獎得主迪頓教授都嘖嘖稱奇，表示不得其解。台灣高額儲蓄率已經嚴重到危及經濟成長率，政府嘗試著要籌組「國家隊」，將超額儲蓄導入國家建設和投資中。

不過一般大眾可能不這麼想，繼續將大錢放在定存或儲蓄險中，以為這樣可以保本、規避風險，但卻忽略降息、物價上揚趨勢。

金錢是交易流通的工具，要流動才能有生機。理想的財務規劃，只要保留少數的現金足以生活應急。其他再依據個人風險承受程度和獲利期待，選擇適當的投資理財工具進行財務配置，財富才有隨時間增長的機會。

財務規劃的第一要務，要先理解哪些投資理財工具適合自己。

　　多數人對常見的投資理財工具能朗朗上口，但細究卻是一知半解，是投資理財可怕的情境。因為使用不懂的工具，我們會比較小心謹慎。如果自以為清楚，實則不然，輕忽大意之際，常讓人栽跟頭。

　　理財無須炫麗的花招，踏實的弄懂原理原則與規定是永保安康之道，工欲善其事，必先利其器。常見的投資理財工具以及應注意事項，一定要認識。

理財工具	風險程度	獲利能力	備註
定存活存	低	低	300萬保障，有購買力風險
儲蓄險保單	低	低	300萬保障，可能有購買力風險。適合長期持有，當退休金的一部分
純保障保單	低	保障為主，無法評估	有財務不良保險公司倒閉的風險
房地產	金額大小決定	視投資標的而定	20年或以上，會排擠其他消費能力
投資型保單	低到中	低到中	以保障為主投資為輔，視投資標的而定
股票	低到高	低到高	視投資標的而定
基金	低到高	低到高	視投資標的而定
衍生性金融商品	高	高	

吳家揚整理

存款有保障，但有購買力風險

台灣有中央存款保險公司，保障存款安全，國人在每家銀行存款最高保障300萬元，如果存款會超過這數字，又擔心銀行倒閉，就多存在幾家不同的銀行。

雖然存款有保障可以保本，但是近二十年來不斷的降息，存款的購買力風險大增，表示抗通膨的能力下降。光是最近一年，央行連續降息四次，定存不到1.1%，存越多、存越久，反而變窮。

上班外食族從「吃」這件事，就可感受到通膨。大碗餛飩麵從75元漲到100元，滷肉飯或魚羹麵從30元漲到40元，售價不但變貴，而且分量變少了。

就算未來十年內不再漲價，平均每年也有3%漲幅，比定存或一般的台幣儲蓄險（預定利率2.25%）增值速度還猛。呆儲蓄就是購買力風險，小心越存越窮。

保險的保障不受重視

保險這件事在台灣並沒有被重視，將其視為多餘無用之物大有人在，寧願吃喝玩樂也不願意買保障型保險，最多就是買儲蓄險。但儲蓄險是儲蓄，對於風險的保障有限。

國人遇到財務問題時，第一個想要減支的項目就是保費，但是保單被貿然停掉，其實相當可惜。

定期險與終身險的選擇？

國人購買保險時常發問，應該要買定期險或終身險呢？在相同保單內容前提下，定期險是沒有太多錢的人的首選，優點是便宜，缺點是保障有一定時期。

終身險優點是終身保障，但缺點是貴。至於要買什麼，視自己的財務狀況和人生需求而定，沒有買到的部分，風險自負。

少數定期險的擁護者會攻擊終身險，說台灣有良心的保險業務員屈指可數，我認為這沒必要。有些險種的定期險雖然便宜，但業務員固定每年都可以續佣，如果可以賣到與終身險相同的保費，定期險的總佣金甚至比終身險還高許多，這是那些業務員不會對客戶說的，就是薄利多銷的概念。

定期險的極度擁護者還有一個謬論，就是老後的醫療保險費（例如70歲後），現可利用終身險和定期險的保費差，投資10%的商品複利四十年，就足夠支付未來的醫療長看費用。三十年前的儲蓄險保單或許有這種機會，但也是屬於終身險而非定期險。

　　另外，投資股市或基金，真的可以獲取這樣的報酬率嗎？你可以做到投資10%的商品連續複利四十年？風險真會如預期在70歲以後才降臨嗎？如果風險提早到68歲發生，但保障只到65歲，該怎麼辦呢？這是要思考的問題。

　　業務員的話術很厲害，但也可能是「詐術」，還會仲介你去買境外保單，而他們的名字卻不會出現在保單上。有一些人被業務員說服將十幾、二十年前的優質終身險解約，改買新的定期險，不但賠掉自己的優質保單，還讓這些人賺到新佣金。

勿投保有風險的保險公司

　　之前許多被掏空的保險公司，政府會利用政策手段讓別家保險公司接收，變成全民買單，使客戶權益不變。未來不容易發生這種情況，現行法律保障權益最高只到300萬元，保戶要懂得精挑保單和保險公司，避免權益受損。

　　萬一遇到承保公司倒閉，會變成怎麼樣？舉例說明：如果甲在壽險公司倒閉期間意外死亡，原本可請領500萬元身故給付（壽險300萬加傷害險200萬），但依保險安定基金規定，身故給付為「得請求金額」的90%，並以300萬元為限，因此甲的家人只能獲得安定基金300萬元

給付。

另規定，年金險（含壽險生存給付部分）每一被保險人所有契約為可請求金額的90％，但每年最高以20萬元為限。

因此，如果乙已開始領年金與生存還本金，合計可年領36萬元，萬一壽險公司倒閉，雖然還能繼續領取，但每年僅能領到20萬元。

金管會公布推動「提高國人保險保障方案」績效優良獲獎勵的保險公司名單，二〇一五年上半年共有十三家壽險公司符合資格。怎麼評估一家保險公司的穩定與否？

有幾項簡單原則可供評估，也就是保險公司賺錢的三個項目：預定死亡率（壽險和保費成正比，但年金險則相反）、預定利率（和保費成反比）和預定營業費用率（和保費成正比）。

這和保險公司的規模、產品設計、投資績效、財務狀況都有高度相關。會擔心保險公司倒閉的人，就該選擇續優、賺錢、大型且口碑佳的保險公司，最好是前三大的金控保險公司。

房地產投資的可行度

最近央行調整許多房貸政策和區域，表示繼續打壓房

地產這件事沒有太多實質好處。央行降息屬於利多，持有稅大增是利空；台灣總體經濟不好是利空，房價跌深是利多。

因此，最後還是回歸到個人的需求和民眾的口袋是否夠深來決定。如果相信某大教授言論而錯失買房時機，不要抱怨，只能怪自己不做功課！

三十年期甚至四十年期的房貸新方案出爐，顯然買房這件事不容易且是「必要之惡」。然而許多人縮衣節食一生，只是為了要有一間房，這樣的思維反而限制住財富成長的空間。若先租屋將收入活用，讓錢長大之後再買房，更容易有好的生活品質。

股票、基金和衍生性金融商品的投資與選擇

股票、基金是國人喜愛的投資途徑，原則上，這些理財工具的風險都不低，衍生性金融商品更是高風險，投資不可不慎，一定要做功課，如果沒有把握，寧可不要進場。

運用投資工具要考量到個人條件與性格，以目前的市場，有幾個概略性原則提供參考：

- ◆ 基金投資：保守型的投資人可考慮全球美元計價月配型的高收債，但不要選到破產清算的基金、能源

礦物基金、區域型基金。積極型的投資人可以買新
興市場貨幣計價區域型的跌深標的。

◆ 股票投資：保守型的投資人可考慮ETF或高殖利率
股或龍頭股。積極型的投資人可以選轉機股或跌深
標的。

◆ 衍生性金融商品投資：保守型的投資人是為了保護
現貨部位，避險用而非投機用。積極型的投資人，
就當投機買賣。

　不管你是否加入投資的行列，但其實你的退休金也被
政府拿去投資，保險金也被保險公司拿去投資。平常若能
多方吸收投資理財知識，不斷精進，就能在這個資本主義
世界中存活下來，而不會任人宰割。

5 勿為
貪婪之狼的肥肉

為了賺取超額利潤而忽略風險，小心成為
自動湊上餓狼嘴邊的傻羊。

以前長輩喜歡罵人說：「傻到被人賣了，還幫人數鈔
票。」有這麼笨的人嗎？年輕時覺得這是老人家誇
張的說法，隨著年歲的增長和閱歷的增加，發現各行各業
中，充滿了金錢的力量與瘋狂的想像，而割肉餵狼還說
「謝謝」的人，也出乎預料的多。

投資一定有風險，而風險與報酬成正比。多數人在投
資市場栽跟頭，就是忘了風險這件事。

電影《華爾街之狼》那些奉上鈔票者，哪一個不貌似
精明？電影的原型人物喬登·貝爾福，曾在電影最後短暫
露臉，在現實生活裡，他坐牢二十二個月出獄成為激勵大
師，還有自己的演講公司，而那些因他而家破人亡者卻無
人聞問。市場上的貪狼無所不在，要如何避免成為自動湊
到餓狼嘴邊的傻羊呢？

專業合法是基本底線

如同生病時要找醫師、法律問題要找律師，在美、澳等國，有離婚、繼承、理財等問題，首先找的是理財規劃顧問，這些是專業的保障。所以，欲購買台灣任何金融保險商品者，一定要找合格的業務員。

怎麼看對方的資格符合與否呢？具有販售相關金融商品資格者，如壽險業務員、產險業務員、投信投顧業務員、證券商高級業務員和期貨商業務員等，本文中稱之為「業務員」；要在媒體上對大眾分析個股和解盤者，需要具有證券分析人員或期貨分析人員證照，否則違法；CFP（國際認證高級理財規劃顧問）和CFA（特許財務分析師）和FRM（財金風險管理分析師）這三張國際金融界頂級證照，是另一套國際認證標準。

境外商品步步為營

合法在台灣註冊成立公司，引進國外商品販售的單位，通常沒問題，但如果連公司登記這個步驟都省略，就要持高度懷疑的態度，小心為上。

有一種販售境外金融保險商品的人員，姑且稱其為「銷貨員」。因為沒有公司登記，招攬金融保險商品業務

行為都是違法的。這類銷貨員只要找到客戶、將商品銷售出去,賺到大筆佣金後,風險由購買人自負。

商品本身是中性的,沒有好壞之分,只有適不適合的問題,當然有些人在境外商品獲取巨大利潤。但一定要先了解當地法規,確定風險在可承受的範圍之內,最好有能力直接海外購買。

例如要購買境外保單,到香港直接購買;要買境外基金,也可以到香港銀行開戶;要購買房地產,則需要更多的法律稅務訊息,若能找到合適的代理商,才是比較可行的辦法。

判定公司真偽與人員素質

也許大家常接到電話行銷未上市公司股票,有些「幽靈公司」會寄DM和一些報紙剪報、專利或財報預測,用粗製濫造且影印品質不佳的紙張,鼓吹我們投資幾萬元到數十萬元,並「很有良心」的限制購買張數。當你收到諸如此類的訊息可以一笑置之,不理會即可。

但我常會好奇地到經濟部商業司網站查那些公司的統一編號和負責人,但通常都查不到任何資訊。有時我還會到對方所寫的地址查證看看是不是有任何公司的影子,通常也沒有。

如果商業登記項目和銷售內容不同時，也要合理懷疑是否為詐騙集團。海外的公司更難查證，最好是台灣有分公司，比較有保障。

如果業務員或銷貨員拿名片給你時，可以Google一下，看是不是有「作品」可以確認他們的專業。如果查到的都是吃喝玩樂的訊息或曾經犯罪的紀錄，餅畫得再大，都不要動心。

錢很難賺，一時不察被騙卻很容易。找到上進的專業人員，有品質、有口碑的公司購買所需的金融保險商品，比較安心妥當。更重要的是，自己一定要懂得所購買的商品。

別碰不懂的衍生性金融商品

在台灣引起諸多爭議的TRF（目標可贖回遠期契約）或二○○八年雷曼兄弟相關的連動債，掀起多起紛爭。這些衍生性金融商品利用期貨或選擇權，做多或做空的策略，加上槓桿操作，包裝成商品。除非你很了解，否則保守因應為宜。還有理專對這些複雜的商品，有沒有能力說清楚？他有沒有期貨商業務員執照？這些都是你評判是否要投資的參考點。

不過以曾導致軒然大波，連結人民幣匯率走勢的TRF

來說，TRF的契約對投資人相當不利，獲利有限、風險無窮。當看對趨勢、人民幣升值，契約還沒到期時，銀行會停損，讓投資人提早獲利出場。當看錯趨勢、人民幣貶值時，必須持有契約到期才能出場，投資者賠錢又無法斷頭，欲哭無淚。

2005年到2014年一路走升，然後走貶

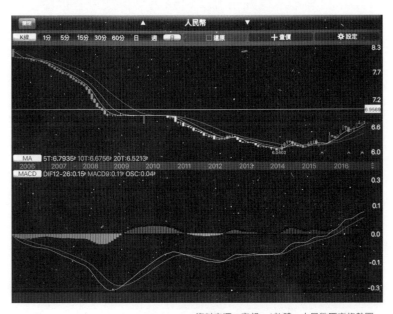

資料來源：富邦eo1軟體，人民幣匯率趨勢圖。

出現TRF這類新商品時，理專通常會推薦先少少買一些試試看。然而隨著人民幣一路走升，短期間內獲利出場。嘗到甜頭後，便再加碼買進更多，短期間內獲取更高利益後，再次獲利出場。

然後心臟越來越強，風險意識和資金控管便越來越鬆懈，最後不但身家性命全壓了，也介紹親朋好友共襄盛舉，後來卻是人民幣大貶，故事的結局往往就是魔鬼早就寫好的劇本，贏九十九次只輸第一百次，全軍覆沒，Game Over！

我就讀MBA時，當時財務管理教授的一段話讓我印象深刻。他說：「期貨和選擇權的風險很大，除非你是經理人玩別人的錢，否則最好不要碰。」但衍生性金融商品是避險的工具，並非不能碰，我自己是抱持戒慎恐懼的態度操作該商品。為了是要保護現貨部位，目的在於避險而非投機用。

要投資一項商品前，一定要搞懂遊戲規則再進場。衍生性金融商品的大起大落很有趣也很迷人，但要有風險意識。我的做法是：「接受期貨管理專業課程訓練，並取得期貨商業務員資格後，先經由紙上模擬操作。然後再投入小量資金試水溫，隨時檢討做法與投資績效。」

不貪心更要懂得保護自己

「華爾街之狼」已成貪婪的代名詞，不要為了賺取超額利潤而忽略風險。不要當肥羊被騙，對於超額報酬要警醒。內心的貪婪會讓自己變成待宰的肥羊，投資要不貪心，更要懂得保護自己。

在國內，如果有金融保險方面的糾紛，可以透過「金融消費評議中心」申訴，保障自己的權益，但若是境外商品就要自求多福了。

海外投資的利潤可能比較高，但風險有可能更高，加上各方面訊息更難查證。糾紛發生時，自己面對外國公司打官司也不容易，律師和訴訟費用也很高。有些虛擬的錢幣，如「比特幣」，在國外有些國家合法，但台灣視為非法貨幣，投資時更要小心。

投資一定有風險，許多業務員或銷貨員只強調商品對客戶的利益，完全避而不談風險。當風險來臨，客戶有金錢或權益損失時，紛爭也由此發生。

商品是中性的，自己有需要並了解後才下手，而且要嚴控風險和資金比重，保護自己的財產安全才是上策。

6 神奇的複利，讓財富越變越多

本金、時間和利率是累積財富的重要因素，越早啟動財務工程，越容易達成目標。

投資理財最具威力的武器是什麼？人們積極於鑽營各種財富成長途徑，卻常忽略最簡單、最強大的力量「複利」。

貨幣的單利與複利

貨幣有時間價值，如果將錢放進銀行，一段時間後會產生利息，這是單利。如果將這筆本金和利息再存入，這期除了本金再加上一期的利息繼續生利息，是複利。單利的好處是利息可以拿出來花用，缺點是本金不會持續成長或長大的速度慢。如果要養大資產，最好採取複利模式，意思是「要先忍著別吃棉花糖」。

單利：本金 × （1 ＋ 利率 × 期數）＝本利和

複利：本金 × （1 ＋ 利率）^{期數} ＝本利和

　　舉例：小花在今年存入銀行壓歲錢10,000元，年利率1.2％，五年後，單利計息和複利計息各多少？

> 單利：$10000 \times (1 + 0.012 \times 5) = 10600$
>
> 複利：$10000 \times (1 + 0.012)^5 = 10615$

　　年報酬率低，複利效果不明顯。年報酬率高，複利效果將顯現。時間一拉長，效果便明顯。

　　複利是世界第八大奇蹟，要體會第八大奇蹟的好處，就要徹底認識單利與複利的原理原則，並練習應用。

複利原則一：終值（FV）與現值（PV）

　　終值（FV）是貨幣或現金流量在未來特定時間點的價值，而現值（PV）是未來貨幣現在的價值。

> 終值：$FV = PV \times (1 + r)^n = PV \times FVIF(r,n)$
>
> 　　【利率＝r，期數＝n】
>
> 終值（本利和）＝現值（本金）× 複利終值利率因子

　　舉例：小花在今年存入某外國銀行10,000元，年利率6％，三年後本利和？

終值：$FV = PV \times (1 + 0.06)^3 = 10000 \times 1.1910$
$= 11910$

終值：$FV = PV \times FVIF\,(0.06,3)$（查終值利率因子表）$= 10000 \times 1.1910 = 11910$

現值：$PV = FV \times 1 \div (1 + r)^n = FV \times PVIF\,(r,n)$
【利率＝r，期數＝n】

現值（本金）＝終值（本利和）× 複利現值利率因子

舉例：小花希望五年後有10,000元的存款，某外銀年利率6%，現在需存入多少錢才能達成？

現值：$FV = PV = FV \times 1 \div (1 + 0.06)^5 =$
$10000 \times 0.7473 = 7473$

現值：$PV = FV \times PVIF\,(0.06,5)$（查現值利率因子表）$= 10000 \times 0.7473 = 7473$

複利原則二：

年金（PMT）的終值（FVOA）與現值（PVOA）

年金就是固定時間固定金額，我們也要考慮年金的終值與現值，日常生活很常見的房貸（或車貸）就是其中一例。

> 普通年金終值：FVOA ＝ PMT×FVIFA（r,n）
>
> 【利率＝r，期數＝n】
>
> 普通年金終值＝年金 × 年金終值利率因子

舉例：小花在年初決定年底存入10,000元，年續五年，某外銀年利率6%，第五年年底的本利和為多少？

> $FVOA = 10000 \times (1.06^4 + 1.06^3 + 1.06^2 + 1.06^1 + 1) = 10000 \times (1.262 + 1.191 + 1.124 + 1.06 + 1) = 10000 \times 5.637 = 56370$
>
> $FVOA = 10000 \times$（查年金終值利率因子表）$= 10000 \times 5.637 = 56370$

普通年金現值：PVOA ＝ PMT × PVIFA（r,n）

【利率＝r，期數＝n】

普通年金現值＝年金 × 年金現值利率因子

舉例：小花向銀行房屋貸款1,000萬元，年期二十年，年利率2%，試問每年要還多少錢？

PV ＝ 1000，n ＝ 20，r ＝ 0.02，

求解PMT ＝ 61.1567萬／年

亦即每年還款61.1萬，連續二十年。

世界第八大奇蹟

單利與複利是投資理財基礎觀念，兩者之間的影響，可說是「失之毫釐，差之千里」。一開始幾乎看不出差別，但是放長時間來看，效益就大不相同。

股神巴菲特總結個人五十年成功的投資經驗，平均年獲利達21.6%，五十年獲利超過1.8萬倍，複利效果比原子彈還可怕。

他說財富就像滾雪球，重要的是要找到濕的雪（價值

被低估的公司〔利率〕），長的山坡（時間拉長〔期數〕）和不斷的投入資金（現值和年金）。股神所要表達的就是複利的概念，養大資產（終值）。

複利的執行是與心魔打仗

複利是「知易行難」，要能體會其益處，主要對抗的對象是自己，要能克服人性弱點。來看科技金童小王的故事：

> 範例：
>
> 任職於科技業的小王高薪又會投資，30歲時，每年投入100萬作為退休規劃的一部分專款專用，年報酬率6%，計畫在50歲時，專款專用退休金可達到3,679萬。

〈原計畫〉

如果一切都順利，50歲退休時，可有一筆專款專用退休金3,679萬元。期數（n）＝20、利率（r）＝6%、年金＝100，求得終值（20）＝3,679。

〈假設1〉

但計畫趕不上變化，計畫執行五年後，因女友要求，衝動買了一部300萬跑車，其退休規劃應該如何調整？

> **第五年支出跑車300萬：**
> n＝5、r＝6％、PMT＝100，求得FV＝563。
> **五年後資產變263萬：**
> PV＝263、n＝15、r＝6％、FV＝-3,679，
> 求得PMT＝131。

如果小王在50歲時，依然要有3,679萬專款專用退休金，買完跑車後未來十五年，每年要投入131萬，每年必須多投入31萬，才能達到目標。

〈假設2〉

買完跑車後並堅持50歲退休，報酬率不變，目標退休金是否會減少？

> PV＝263、n＝15、r＝6％、PMT＝100，
> 求得FV＝-2,958。

到時專款專用退休金只有2,958萬。

〈假設3〉

買完跑車後,並堅持50歲退休,目標退休金不變,報酬率變為多少?

> PV = 263、n = 15、PMT = 100、FV = -3,679,
> 求得 r = 8.388%。

意思是,小王必須冒更大的風險尋找年報酬率8.388%的商品。

〈假設4〉

買完跑車後報酬率不變,目標退休金不變,必須延後n年退休?

> PV = 263、PMT = 100、r = 6%、FV = -3,679,
> 求得 n = 17.5。

意思是,小王必須將退休年紀往後延到52.5歲,才能有專款專用退休金3,679萬。

　　小王的故事也是一般人的情境，要堅持二十年或更久，是很困難的事情。當我們手邊累積一些錢時，總是會拿來做「別的用途」而非專款專用。有錢了，領出來國外旅行犒賞自己的辛勞很常見，有錢買車或買房也很常見，複利效果就大打折扣。

自己的需求自己算

　　一般人終其一生，複利效果通常只是紙上談兵，只是數字遊戲而不切實際。理財專家老是要你「每天省下一杯星巴克咖啡，省下來的錢投資年化報酬率10％以上的商品，連續複利二十年後，會增加多少多少資產」，實情是，通常連他們自己都做不到。

　　明瞭上述幾個簡單的觀念和算法，可以為自己做財務規劃，利用財務計算機算出所需費用並不困難。盡早習慣看懂這些符號並善加運用，對自己財務非常有幫助。

　　「本金、時間和投報率」是累積財富最重要的三個因素，越早啟動財務工程，越容易達成財務目標。靠著意志力和毅力利用複利效果，早晚會變成有錢人。

7 所得稅節稅秘笈

**法律是在保護懂得法律的人，稅務也是，
要保護自己的權益，多試算多省錢。**

總體經濟環境不佳，市井小民日常過的捉襟見肘，報稅時若能多注意一些技巧，在合法範圍內多少能省下一些稅金。

捍衛自己的權益

有人說法律是在保護懂得法律的人，稅務也是如此。大老闆繳的稅金比月薪勞工低，已經不是新聞。富豪族群常使用變更所得類別、所得來源、繳稅身分別（如外籍身分）、將應稅所得變成免稅所得，或境外操作避稅等做法避稅，但不盡然全是合法行為，而少數高階經理人還可能與公司協議，將薪資所得匯到海外，降低台灣的薪資所得來避稅。

前述是金字塔頂端的人，能操作的工具與擁有的資源，不是一般受薪階級能想像，在這樣的稅制條件下，我

們更應該善用免稅額和扣除額，來保護自己的權益。

目前利息免稅所得上限是27萬元，超過的部分，將課所得稅。以目前一年期定存利息1.1％計算，本金約2,455萬元。

錢放在銀行除了低利率不足以抗通膨外，還需考量二代健保補充保費，滿手現金的人會考慮買不動產或保單。不過現在買不動產有「雙高一風險」，除稅金高和價格高之外，更有跌價風險。

人身保險費列舉扣除額每人每年上限24,000元，一定要將額度用完。還可以考慮加買儲蓄險，將生存還本金變成免稅所得，合法節稅。

多試算多省錢

以前報稅是擾人又惱人的大事，現在報稅很容易，建議利用綜合所得稅結算電子申報繳稅軟體辦理申報，申報軟體會自動選擇稅額最低之方式計算。

一般薪資族群的節稅術

一般薪水階級報稅時，其實最簡便的方法就是參考財政部的公式，多試算找出最有利的申報方式。在此舉例試算，以不同申報方式，應納稅額的差異。

104年國稅局稅率級距參考表

所得淨額	稅率	累進差額
0～52萬元	5%	0
超過52萬～117萬元	12%	36,400元
超過117萬～235萬元	20%	130,000元
超過235萬～440萬元	30%	365,000元
超過440萬～1,000萬元	40%	805,000元
超過1,000萬元	45%	1,305,000元

範例1

　　王先生申報戶：夫的薪資所得為840,000元，利息所得200,000元，妻的薪資所得為500,000元，利息所得170,000元，受扶養親屬一人薪資所得10,000元，利息所得50,000元。

　　以下就五種情形（請參考表1-1到1-5）分別列式計算：從試算可見，一般薪資戶王先生家戶應納稅額為39,950元。

表1-1 以104年王先生夫妻合併申報為例：

	夫	妻	受扶養親屬1子女	家戶合計
薪資所得	840,000	500,000	10,000	1,350,000
利息所得	200,000	170,000	50,000	420,000
財產交易所得				0
租金所得				0
執行業務所得				0
綜合所得總額	1,040,000	670,000	60,000	1,770,000
免稅額	(85,000)	(85,000)	(85,000)	(255,000)
標準扣除額	(90,000)	(90,000)		(180,000)
儲蓄投資特別扣除額				(270,000)
薪資特別扣除額	(128,000)	(128,000)	(10,000)	(266,000)
身心障礙特別扣除額				0
財產交易損失特別扣除額				0
教育學費特別扣除額				0
綜合所得淨額				799,000
稅率				12%
累進差額				36,400
應繳稅額				59,480

表 1-2 以 104 年妻的薪資所得分開
計稅合併申報為例：

	妻的薪資 分開計稅	分開計稅之 他方應納稅額	家戶 應納稅額
綜合所得淨額		799,000	
妻的薪資所得	500,000		
免稅額	(85,000)		
薪資特別扣除額	(128,000)		
所得淨額	287,000	512,000	
稅率	5%	5%	
累進差額	0	0	
應繳稅額	14,350	25,600	39,950

表 1-3 以 104 年夫的薪資所得分開
計稅合併申報為例：

	夫的薪資 分開計稅	分開計稅之 他方應納稅額	家戶 應納稅額
綜合所得淨額		799,000	
夫的薪資所得	840,000		
免稅額	(85,000)		
薪資特別扣除額	(128,000)		
所得淨額	627,000	172,000	
稅率	12%	5%	
累進差額	36,400	0	
應繳稅額	38,840	8,600	47,440

表1-4 以104年妻的各類所得分開
計稅合併申報為例：

	妻的薪資分開計稅	分開計稅之他方應納稅額	家戶應納稅額
綜合所得淨額		799,000	
妻的綜合所得總額	670,000		
免稅額	(85,000)		
薪資特別扣除額	(128,000)		
儲蓄投資特別扣除額	(20,000)		
財產交易損失特別扣除額	0		
所得淨額	437,000	362,000	
稅率	5%	5%	
累進差額	0	0	
應繳稅額	21,850	18,100	39,950

表1-5 以104年夫的各類所得分開
計稅合併申報為例：

	夫的薪資分開計稅	分開計稅之他方應納稅額	家戶應納稅額
綜合所得淨額		799,000	
夫的綜合所得總額	1,040,000		
免稅額	(85,000)		
薪資特別扣除額	(128,000)		
儲蓄投資特別扣除額	(50,000)		
財產交易損失特別扣除額	0	0	
所得淨額	777,000	22,000	
稅率	12%	5%	
累進差額	36,400	0	
應繳稅額	56,840	1,100	57,940

整理製表：吳家揚

高薪資族群節稅術

另外以工作年資二十年、家庭年薪700萬元為例。

範例2

蘇先生申報戶：夫的薪資所得為200萬元，利息所得5萬，妻的薪資所得為500萬元，利息所得10萬，受扶養親屬為76歲雙親和一子，利息所得5萬。

表2-1至表2-5為五種不同公式，分別列式計算。

雖然表2-3和表2-1相比，已經節省47萬餘元。但是主要收入來源如果都是薪資和利息，則節稅空間有限，最簡單的做法就是用儲蓄來購買不動產或購買保單等商品。如果經年累月，名下財產所得類別和所得來源變多樣，則未來可以合法節稅的空間就比較大。

照著做，提前10年享受財富自由

表2-1　以104年蘇先生夫妻合併申報為例：

	夫	妻	受扶養親屬76歲父母＋1子女	家戶合計
薪資所得	2,000,000	5,000,000		7,000,000
利息所得	50,000	100,000	50,000	200,000
財產交易所得				0
租金所得				0
執行業務所得				0
綜合所得總額	2,050,000	5,100,000	50,000	7,200,000
免稅額	(85,000)	(85,000)	(340,000)	(510,000)
標準扣除額	(90,000)	(90,000)		(180,000)
儲蓄投資特別扣除額	(50,000)	(100,000)	(50,000)	(200,000)
薪資特別扣除額	(128,000)	(128,000)		(256,000)
身心障礙特別扣除額				0
財產交易損失特別扣除額				0
教育學費特別扣除額				0
綜合所得淨額				6,054,000
稅率				40%
累進差額				805,000
應繳稅額				1,616,600

表2-2　以104年妻的薪資所得分開
　　　　計稅合併申報為例：

	妻的薪資 分開計稅	分開計稅之 他方應納稅額	家戶 應納稅額
綜合所得淨額		6,054,000	
妻的薪資所得	5,000,000		
免稅額	(85,000)		
薪資特別扣除額	(128,000)		
所得淨額	4,787,000	1,267,000	
稅率	40%	20%	
累進差額	805,000	130,000	
應繳稅額	1,109,800	123,400	1,233,200

表2-3　以104年夫的薪資所得分開
　　　　計稅合併申報為例：

	夫的薪資 分開計稅	分開計稅之 他方應納稅額	家戶 應納稅額
綜合所得淨額		6,054,000	
夫的薪資所得	2,000,000		
免稅額	(85,000)		
薪資特別扣除額	(128,000)		
所得淨額	1,787,000	4,267,000	
稅率	20%	30%	
累進差額	130,000	365,000	
應繳稅額	227,400	915,100	1,142,500

表2-4 以104年妻的各類所得分開
計稅合併申報為例：

	妻的薪資分開計稅	分開計稅之他方應納稅額	家戶應納稅額
綜合所得淨額		6,054,000	
妻的綜合所得總額	5,100,000		
免稅額	(85,000)		
薪資特別扣除額	(128,000)		
儲蓄投資特別扣除額	(100,000)		
財產交易損失特別扣除額	0		
所得淨額	4,787,000	1,267,000	
稅率	40%	20%	
累進差額	805,000	130,000	
應繳稅額	1,109,800	123,400	1,233,200

表2-5 以104年夫的各類所得分開
計稅合併申報為例：

	夫的薪資分開計稅	分開計稅之他方應納稅額	家戶應納稅額
綜合所得淨額		6,054,000	
夫的綜合所得總額	2,050,000		
免稅額	(85,000)		
薪資特別扣除額	(128,000)		
儲蓄投資特別扣除額	(50,000)		
財產交易損失特別扣除額	0		
所得淨額	1,787,000	4,267,000	
稅率	20%	30%	
累進差額	130,000	365,000	
應繳稅額	227,400	915,100	1,142,500

整理製表：吳家揚

退休族群節稅術

> **範例3**
>
> 　　但是如果蘇太太認為自己「賺飽賺滿」或覺得太累太操勞提早退休，家庭收入雖然少了薪水的500萬，但所得稅卻能少繳約104萬，加上之前高薪存下來的錢，也夠家庭成員過很好的生活了。

　　退休族，可考慮將之前的儲蓄購買股票。高所得者沒有靠股票節稅的空間，但當所得稅率降低時，就會有節稅空間。

表3-1 以104年蘇先生夫妻合併申報為例：

	夫	妻	受扶養親屬(76歲父母和1子女)	家戶合計
薪資所得	2,000,000			2,000,000
利息所得	50,000	100,000	50,000	200,000
財產交易所得				
租金所得				
執行業務所得				
綜合所得總額	2,050,000	100,000	50,000	2,200,000
免稅額	(85,000)	(85,000)	(340,000)	(510,000)
標準扣除額	(90,000)	(90,000)		(180,000)
儲蓄投資特別扣除額	(50,000)	(100,000)	(50,000)	(200,000)
薪資特別扣除額	(128,000)			(128,000)
身心障礙特別扣除額				0
財產交易損失特別扣除額				0
教育學費特別扣除額				0
綜合所得淨額				1,182,000
稅率				20%
累進差額				130,000
應繳稅額				106,400

表 3-2 以 104 年妻的薪資所得分開 計稅合併申報為例：

	妻的薪資 分開計稅	分開計稅之 他方應納稅額	家戶 應納稅額
綜合所得淨額		1,182,000	
妻的薪資所得	0		
免稅額	(85,000)		
薪資特別扣除額	0		
所得淨額	0	1,182,000	
稅率	0%	20%	
累進差額	0	130,000	
應繳稅額	0	106,400	106,400

表 3-3 以 104 年夫的薪資所得分開 計稅合併申報為例：

	夫的薪資 分開計稅	分開計稅之 他方應納稅額	家戶 應納稅額
綜合所得淨額		1,182,000	
夫的薪資所得	2,000,000		
免稅額	(85,000)		
薪資特別扣除額	(128,000)		
所得淨額	1,787,000	(605,000)	
稅率	20%	0%	
累進差額	130,000	0	
應繳稅額	227,400	0	227,400

表3-4 以104年妻的各類所得分開計稅合併申報為例：

	妻的薪資分開計稅	分開計稅之他方應納稅額	家戶應納稅額
綜合所得淨額		1,182,000	
妻的綜合所得總額	100,000		
免稅額	(85,000)		
薪資特別扣除額	0		
儲蓄投資特別扣除額	(100,000)		
財產交易損失特別扣除額	0		
所得淨額	0	1,182,000	
稅率	0%	20%	
累進差額	0	130,000	
應繳稅額	0	106,400	106,400

表3-5 以104年夫的各類所得分開計稅合併申報為例：

	夫的薪資分開計稅	分開計稅之他方應納稅額	家戶應納稅額
綜合所得淨額		1,182,000	
夫的綜合所得總額	2,050,000		
免稅額	(85,000)		
薪資特別扣除額	(128,000)		
儲蓄投資特別扣除額	(50,000)		
財產交易損失特別扣除額	0		
所得淨額	1,787,000	(605,000)	
稅率	20%	0%	
累進差額	130,000	0	
應繳稅額	227,400	0	227,400

整理製表：吳家揚

詳細報稅公式可參考財政部稅務入口網站（http://
www.etax.nat.gov.tw/etwmain/front/ETW118W/CON/408/
6431536636002615020？tagCode＝）

　　沒事玩一玩所得稅試算公式，多了解在自己能力範圍
內可以節稅的方法，多請教會計師或CFP，國稅局絕對鼓
勵大家「合法節稅」。

104年度適用對象		金額	本人、配偶	受撫養親屬			
				直系尊親屬	子女	兄弟姊妹	其他親屬
免稅額	納稅義務人、配偶及受扶養親屬	85,000／人	V		V	V	V
	年滿70歲之納稅義務人、配偶及受扶養直系尊親屬	127,500／人	V	V			
標準扣除額	單身者	90,000	V				
	有配偶者	180,000	V				
列舉扣除額	捐贈	依不同定義有不同標準	V	V	V	V	V
	保險費	24,000／人	V	V	V		
	健保費	核實認列	V	V	V		
	醫療及生育費	核實認列	V	V	V	V	V
	災害損失	核實認列	V	V	V	V	V
	購屋貸款利息（該房屋需自住，僅一處為限）	300,000／戶	V	V	V	V	V
	房屋租金支出	120,000／戶	V	V	V		
特別扣除額	財產交易損失	以當年度申報財產交易所得金額為限	V	V	V	V	V
	薪資特別扣除額	128,000／人	V	V	V		
	身心障礙特別扣除額	128,000／人	V	V	V	V	V
	儲蓄投資特別扣除額	270,000／戶	V	V	V	V	V
	教育特別扣除額	25,000／人			V		
	幼兒學前特別扣除額	25,000／人			V		
重購自用住宅稅額扣抵			V				

整理製表：吳家揚

步驟 **2**

充滿笑聲的
理財術

年收入兩百萬的中產家庭
卻存不到一毛錢，問題出在哪？
身為小資族的你，
該如何存出第一桶金？
作者以個人的親身經歷和實踐，
告訴你如何爬上財富之梯，
如何適當安排自己的收支與應用。

1 年收入200萬卻存不了錢的中產家庭

未經規劃的支出方式，讓人生勝利組家庭陷入財務流沙困境。

為中產家庭財務健檢時，常觸動諸多感慨，對有些家庭年收入200萬元卻擔心沒有餘錢，不敢為明天打算的中壯年族群感到可惜。正值人生黃金階段，應該是準備收割的大好光景，可是普遍感受不到他們生活有餘裕後的自在。這是怎麼回事？

進一步彙整這些中產家庭樣貌，共同的特徵是：中壯年、高學歷、高收入、中高職位、擁有高額房貸二十年、養育一個或兩個年紀小的子女、重視子女的教育和上貴族學校、出國旅遊、注重享樂、名車好宅，什麼都有了。從外人的眼光看來，就是典型的人生勝利組家庭。

由於每個月戶頭的薪資進帳數字不差，手頭寬裕也就不太管錢花到哪裡去。理財顯得不急迫，記帳嫌麻煩，保險就幾張人情保單，保障內容不太清楚。隨著年紀增加，隱憂開始浮現，看似高居權力之位，但工作壓力與日俱

增，隨時有失業的風險。家庭重擔放不下，身體開始出狀況，三高症狀是基本配備。開始想起，萬一失去收入來源，身邊又沒有太多積蓄，絕對不能失去工作。日子開始過得戰戰兢兢，壓力又造成身體不適，如此形成生活負面漩渦。

　　將生活導向負面漩渦的部分原因來自於其夠好的條件、夠好的收入，讓人產生「船到橋頭自然直」的樂觀，但忘了將大環境的改變列入考慮。

　　誰都不是超人，歲月對待眾人是很公平的，即便不願意承認變老這件事，但是職場上年輕人已經磨刀霍霍想接班。私人生活需要及早準備，事情放著不會自然完成，急駛的船一旦沒有準備，臨到橋頭只會撞爛不會變直。

中產家庭的財務大黑洞

　　財務壓力是許多人的重擔，要如何減輕壓力呢？常見到有人用動物歸納的理財價值觀類型，在此我套用這些類型提供一些解套之方法：

　　1.螞蟻族：先犧牲後享受，認真工作，期待早日退休，實現夢想。

　　2.蟋蟀族：先享受後犧牲，及時享樂，對未來抱持「船到橋頭自然直」的態度。

3.蝸牛族：背殼不嫌苦，有土斯有財的觀念，寧可縮衣節食來買房。

4.慈烏族：一切為子女著想，視子女的成就為最大滿足。

有子女的中產家庭理財模式比較偏重「蝸牛族」或「慈烏族」，先將錢放入房地產中，剩餘的財富放在子女身上，犧牲自己，照亮子女。

子女花費，少即是多

台灣的教育體制已經和三十年前大不相同，但是家長還停留在「用學歷翻轉未來」的思維，異常重視子女的學科教育。而且為了不讓小孩輸在起跑點，從小學習鋼琴、繪畫、英語、珠心算、圍棋等補習課程，還會送到貴族學校鍍金。為了讓小孩有個快樂的童年，寒暑假出國玩，假日國內五星級飯店更是基本配備。

娛樂費用一年30萬起跳，如果到歐美長時間見世面，恐怕都要50萬以上。平常日或假日，慰勞大家的辛苦，要上館子吃大餐。當然還有時髦的3C產品、有線電視、家庭水電瓦斯、養車、交通費用等日常必要支出。

從資產負債表上思考對子女的投資，小孩沒有賺錢能力養活自己時，需要父母付出金錢，財務上一定是負債。

而培養他們具有未來的競爭力，具有付出的能力，負債才能轉變成資產。

小孩成長過程主要需要父母陪伴和關懷，而不是花錢補一大堆才藝。如果只是填鴨培訓能力，卻沒有付出的意願與態度，只是浪費時間。甚至父母不會理財，還將小孩送去兒童理財營，回家也沒有機會和環境練習，很快就忘光了，只是浪費錢和時間。孩子未來的成就，絕對不是用花多少錢來衡量，哪怕小時候不怎麼樣，長大後還是可能很厲害。

這類型「慈鳥族」出乎意料的多，因而在財務上喘不過氣來。真正為孩子好的方法是，不需要花太多錢在小孩身上，而是花時間陪伴他們一起成長。沒有足夠財力的人， 一定要為將來多做打算，因為那些都需要大筆的錢。

先前客戶聽從我的建議，減少許多小孩不必要的才藝課，並將子女轉學到公立學校就讀。不但親子時間增多，節省許多費用，也不會那麼累，小孩和大人臉上都多了些笑容，也滿意如此安排。

房貸帶來精神負荷

我多次談到房地產在資產配置中的角色及運用，房地

產的確是台灣人的一大迷思。說極端一點，「蝸牛族」為了擁有房屋而絆住一生。試想，貸款1,000萬的房子，以還款期二十年、2％利率的房貸利率計算，每月還本息大約5萬元，占薪資比重相當高。如此，對工作當然患得患失。

長期工作壓力和長時間工作的情況之下，一有空就補眠，或看電視吃吃喝喝慰勞自己，身體運動量不夠，長期外食也吃進不少毒物，增加罹病和發病的風險。我有時開玩笑說：「老年失智可能跟過勞有關，因為想忘記年輕時工作上的種種不愉快。」

立刻行動改變窘態

台灣的中產家庭，年薪200萬為何會搞到如此，談退休好似天方夜譚？如果你已經超過45歲，知道這樣下去也不是辦法，請即刻改變目前財務分配狀況。

一、了解和調整保單內容，是為預防萬一生病倒下，財務上保護家庭成員生活不致被迫大幅改變。多運動保持身體健康是重要，也是必要的。在身體狀況還可以投保時，挪用部分錢購買「保障」。三高患者罹患其中兩項，有可能被拒保，就算被除外或加費也要投保，將未來的人身「大部分或全部風險」轉嫁給保險公司。

　　二、**調整收支內容**，或許增加收入有一定困難度，但減少花錢在子女身上，是降低支出的好方法。可以挑戰傳統「再苦也不能苦孩子」的觀念，當今環境普遍富裕，苦孩子是在鍛鍊其心志，對大家都好。一個年薪200萬的家庭，財務條件不會太差。建議將部分錢投入「好的股票或基金或高收債」，只要心理素質夠且抗壓，長期收益是可觀的。這些錢可以買到保障，可以供應子女出國讀書，也可以好好規劃未來的生活。

　　經濟轉型快速，不論藍領、白領，隨時都有失業的可能，也有可能因生病或意外而被迫退出職場。這一天何時到來，沒有人知道，但一定要在這天來臨之前先做好準備。好的家庭財務方案可讓家庭財務風險大大降低，如果遇到問題，就應該立刻行動，改變目前窘態。

2 小資族的財務計畫

用計畫駕馭金錢，不要讓金錢的陰影囚禁你。

訪南台灣一間重新整理過的教堂，馬賽克的裝飾透著莊嚴的光輝漂亮，參觀完到附近用餐時，隨手翻閱教堂義賣的老照片集，並桌坐在對面的年輕人好奇探問，因為戶外正下大雨，被雨困住的我們就這樣聊了起來。

年輕人利用轉換工作空檔環島，聽到我從事財務規劃工作，他說：「以前我爸爸投資股市失敗，家裡欠了很多錢。我從小就認為投資理財會害人，我都告訴自己能不碰就不要碰，至少心安理得。」一個人單車環島，顯然是個有行動力的新生代，但對於未來和當時的天空顏色一樣，有點悲觀，「難道單純靠『薪資』，就一輩子沒有希望嗎？」他詰問著自己的困惑。

我可以理解年輕人的心情，因為我的太太的成長過程就是這一套劇本。年輕人和我太太一樣誤解「理財」的意

思，以為理財就只有投資，我們花了很多的時間溝通觀念。事實上，投資只是理財行動中的一環。

「以現在的經濟環境，我們還能跟上一輩一樣，單靠薪水，就可以五子登科（車子、妻子、孩子、房子和金子）嗎？」

「當然可以！只要你願意及早做好自己的計畫性財務目標，並即按部就班去執行。」我回答

「財務計畫，怎麼做？」他語氣透著好奇與一點興奮。

「簡單來說，財務計畫是所有行動的基礎，進行財務計畫有兩大方法可以參酌：一個是『目標並進法』，另一個是『目標順序法』。選擇的主要考量是重大財務目標的急迫性和重要性，也牽涉到收支、資產負債，和投資報酬率。」

更進一步來說，「目標並進法的意思是，同時執行許多財務目標，它的限制是除非收入夠高，或已經有一大筆錢，否則短期內很難同時達成。而目標順序法是有多少錢做多少事，優點是目標可在既定的條件下如期達成，缺點是時間會拖很久。」

按部就班，生活一樣樂透

「聽起來你有結婚的打算，也不喜歡太高風險的投資，把時間拉長可能是你想要的方式。一旦結婚，夫妻齊力賺錢，只要有四十年不間斷的工作收入，一生所需費用約5,000萬元，不用透過投資，依然可以達到人生目標，甚至還有機會提早到60歲退休，而不用等到65歲法定退休年紀。」

我以下列條件試做了一個小資族的「目標順序法」財務計畫書，也呼應前面提過的「人生的收支曲線圖」：

> 以在台北生活，年輕夫妻養育獨生子女一家三口小家庭為例。假設夫妻雙薪25歲開始工作，持續工作四十年，65歲退休，活到85歲死亡；養育一個子女從出生到大學畢業；通膨每年1％，利息每年1％。

這樣需要的花費是至少5,000萬元，以下為計畫性支出費用：

◆ 25歲到65歲：每月生活費2萬元，稅、汽車相關

費用和交通費等雜費每月5千元，旅行每月5千元，共
四十年。

◆ 25歲到45歲：保險費用（純保障，不含儲蓄險和
年金險）每年繳20萬元，共二十年。

◆ 30歲到52歲：獨生子女養育費，每月2萬元，共
二十二年。

◆ 30歲和50歲：各買一輛汽車，每輛60萬元，共兩
輛車120萬元。

◆ 35歲到55歲：35歲買房，總價1,200萬元，頭期
款200萬元，貸款1,000萬元，每月房貸5萬元，繳二十
年。

◆ 65歲到85歲：退休時期花費1,000萬元，共二十
年。

至於收入部分則假設：

◆ 25歲到30歲，工作前五年，每人每月薪水3萬
元，外加年終獎金，家庭年收入80萬元。

◆ 30歲到35歲，每人每月薪水4萬元，外加年終獎
金，家庭年收入110萬元。

◆ 35歲到65歲，每人每月薪水5萬元，外加年終獎
金，家庭年收入140萬元。

◆ 儲蓄利息1%，與通膨相同。

為簡化計算，假設通膨等於投報率，不特別列入計算，這個小家庭的薪資儲蓄結餘會是：

1. 每年結餘 24 萬元（25～30 歲），五年共 120 萬元，扣買車 60 萬元，儲蓄餘額 60 萬元。

2. 每年結餘 30 萬元（30～35 歲），五年共 150 萬元，扣買房頭期款 200 萬元，儲蓄餘額 10 萬元。

3. 每年結餘 0 萬元（35～45 歲），儲蓄餘額 10 萬元。

4. 每年結餘 20 萬元（45～50 歲），五年共 100 萬，扣買車 60 萬元，儲蓄餘額 50 萬元。

5. 每年結餘 20 萬元（50～52 歲），兩年共 40 萬元，儲蓄餘額 90 萬元。

6. 每年結餘 44 萬元（52～55 歲），三年共 132 萬元，儲蓄餘額 222 萬元。

7. 每年結餘 104 萬元（55～65 歲），十年共 1,040 萬元，儲蓄餘額 1,262 萬元。

從表格和數字可明顯的看出：55 歲房貸還完以前，手頭非常緊，積蓄也不多，若臨時應急，甚至可能完全沒有儲蓄。

但工作最後十年，儲蓄金額可以大幅提升，達到 1,000 多萬元的水準。如果此階段撥出一些錢購買儲蓄

險，儲蓄效果會比銀行定存好一些，再加強醫療險，老年
退休會更有保障。

小家庭的大項目費用加總起來，所需要的消費金額
至少5,000萬元，含4,000萬元基本開銷和1,000萬元養老
金，來度過一生的日子。兩個人花四十年賺5,000萬元是
合理可行的數字。但如果要購屋，至少有二十年的時間，
每個月要賺10萬元以上，才有可能打平開銷。

最後還有兩筆「救命錢」，65歲後領取「新制」的
勞保和勞退。依目前的公式計算所得，勞保年金年資
四十年：每個月兩個人可領45,800×40×1.55%×2＝
56,792，領二十年共1,363萬元。

勞工退休金年資四十年：雇主每個月提撥6%，兩
個人四十年月收入總和6%＝309萬元，加計算投資效益
（以2%計算）概算為315萬元。

以上這兩個數字加總為1,678萬元，如果年金改革過
關也勢必要調整給付金額，1,678萬元再打四折還有671
萬元，有領到算多出來的，老年生活更有保障。

如果只工作到60歲，儲蓄餘額變成562萬元。勞保每
月45,800×35×1.55%×2×0.8＝39,754（提早五年打八
折），領二十五年共1,193萬元。雇主每月提撥6%勞退，
兩個人三十五年月收入總和6%＝267萬元，加計算投資

效益（以2%計算）概算為272萬元。

這兩個數字加總為1,465萬元，全部打四折還有586萬元，加儲蓄共1,148萬元，也可勉強守住晚年生活品質。因為年金改革方案還未定，對這兩筆救命錢要保守因應。

用財務計畫駕馭金錢

從25歲的每個月3萬元，到35歲的每個月5萬元，這個薪資的計算基礎並不高，是一般上班族可以達到的水平。要考慮的變數是，失業與健康的威脅。

在總額的收支下，如果不依賴投資收入，想辦法增加本業收入或兼職增加收入，可提早達到財務目標。透過進修提高自己的職業競爭能力是開源的一個好路徑，也很適合想要穩健過一生的人。

「不要害怕處理金錢，當你越逃避它，它就越緊緊依附在你背後，造成壓力陰影。」當我們面對陽光時，陰影就被甩在後頭。「用計畫駕馭金錢，不要讓金錢的陰影囚禁你。」鼓勵抗拒「理財」的人，好好整理一下自己的收入與支出，依照計畫按部就班進行，會讓你生活得更踏實而且落實目標，達到心想事成。

人生收支總表（不計算通膨與利息）

工作到65歲	生活費	雜費	旅行	保險費	買車	獨生子女養育費	買房頭期款	房貸	支出總和	收入總和	結餘	儲蓄餘額	勞工保險	勞工退休金
25（工作＋保險）~30歲（買車）	1,200,000	300,000	300,000	1,000,000	600,000				3,400,000	4,000,000	600,000	600,000		
30（生子）~35歲（買房）	1,200,000	300,000	300,000	1,000,000		1,200,000	2,000,000		6,000,000	5,500,000	-500,000	100,000		
35~45歲（保費結束）	2,400,000	600,000	600,000	2,000,000		2,400,000		6,000,000	14,000,000	14,000,000	0	100,000		
45~50歲（買車）	1,200,000	300,000	300,000		600,000	1,200,000		3,000,000	6,600,000	7,000,000	400,000	500,000		
50~52歲（子女獨立）	480,000	120,000	120,000			480,000		1,200,000	2,400,000	2,800,000	400,000	900,000		
52~55歲（房貸結束）	720,000	180,000	180,000					1,800,000	2,880,000	4,200,000	1,320,000	2,220,000		
55~65歲（退休）	2,400,000	600,000	600,000						3,600,000	14,000,000	10,400,000	12,620,000		
65~85歲（死亡）	10,000,000								10,000,000	0	-10,000,000	2,620,000	13,630,000	3,150,000
合計	19,600,000	2,400,000	2,400,000	4,000,000	1,200,000	5,280,000	2,000,000	12,000,000	48,880,000	51,500,000	2,620,000	2,620,000		

吳家揚整理

093

3 青貧族逆轉勝，這樣省出一桶金

耽溺在今天的小確幸，只會往貧窮線移。

「只能吃土了！」這句時下年輕人常掛在嘴上的話，不只是俏皮的口頭禪，而是生活壓力的真實寫照。

行政院主計總處調查結果顯示，二〇一四年全台平均每人每月消費支出約2萬元，其中台北市平均每人每個月消費支出逾2.7萬元，而20至24歲受雇者，平均月入僅2.5萬元，也就是說多數的青年人寅食卯糧、縮衣節食，還不足以維持基本生活開銷，個人資產負成長。

在這樣的大環境下，年輕人要很有意識與紀律，避免讓自己陷入貧窮的循環。怎麼做呢？

對年輕人而言，薪資入袋之後，合理省錢很重要，優先考慮讓自己增值的途徑。學習是增加自己價值的最好方法，也是擺脫低薪的捷徑。要知道，因為低薪，所以更要把錢花在刀口上，要創造金錢的最大價值。

不管現在收入是多少，一定要想辦法在短時間內增加

收入，高收入才能早日完成你的人生財務目標。

以前我的財富公式是「收入－生活必要支出＝儲蓄」，但是「保險、投資和學習費用」都是我的生活必要支出。現在為了分享我37歲財富自由的經驗，將財富公式修正為：

> **善用財富公式**：收入－生活必要支出－保險費－投資金－學習費＝儲蓄

許多人不將「保險費、投資金額和學習費用」列為生活必要支出，可有可無，非常可惜。

時間證明，十年、二十年後，同齡的人財富差距會加大許多。儲蓄是保有少數現金，不需要太多。

當我提出這樣的主張時，常有人說：「上班都忙死了，入不敷出，還談什麼保險、投資和學習。」但真的是錢不夠用嗎？時間不夠用嗎？還是用錯方法？

要有錢的第一個動作是記帳，檢查自己的金錢流向。主計總處調查一般上班族的消費支出，包括食物、衣著、房租、水電、交通、通訊、醫療、教育等，你可以依此分類記錄查看，自己的消費型態是否還有可調整的地方。

沒有30K，盡量不進便利商店

台灣大街小巷便利商店二十四小時很方便，便利商店賣的是便利，代價是你要付出更多的金錢。我曾實際比價大賣場賣7元的東西，可能在便利商店賣到11元，價格多出57％，而當前的定存利率不到1.1％，股票一支漲停板10％，這樣一比可知便利的代價不菲。

你有這麼需要便利嗎？或只是習慣使然的惰性。隨興進入便利商店買東西，某種程度意味著該筆消費未經規劃，它常是衝動而非必要性的支出。我鼓勵想要省錢的人做計畫性的消費，在月薪還沒有達30K以前，盡量不要踏入便利商店。養成定期計算需要用量的習慣，盡量在大賣場或市場購物，藉此控制開銷，長期下來，可節省不少錢。

降低3C花費

3C費用除了機器本身的汰換，每月上貢給通訊業者的金額亦很可觀。根據個人的需求，多貨比三家，一年結算下來的金額亦很可觀。以我為例，我的住家原先用電信上網和收看第四台，後來改為地方有線系統上網和收看第四台，費用降低很多且頻寬增加許多。後來再改到專門

提供大型社區網路服務業者，每年只要2,000元，頻寬更寬、速度更快、更穩定，也更便宜；也同時停掉第四台節目，改用上網和機上盒收看更多的免費優質頻道，一年可省下約1.5萬元。

本來家裡有兩支手機上網吃到飽，檢視使用需求後發現，大台北地區免費上網的點很多，且可共用wifi密碼上網，停掉一支上網費，必要時加購便宜的「微量上網儲值」，每年省下約1萬元，也沒有覺得有使用上的不便。

善用信用卡的好處

信用卡是記帳的方便工具之一，只要可以用信用卡繳費的，統統由信用卡代扣，包含保險、基金、水電瓦斯費、用餐、捐贈、稅和學費等。

加油聯名卡有折扣，自助加油可享受更多的現金回饋，操作簡單也方便，國外也都是自助加油。自助加油每個月可省幾百元，不無小補。百貨公司或賣場聯名卡可免費停車，也可享用積點和折扣。出國旅遊機票也用信用卡消費，可短期免費機場周邊停車或享受機場接送服務、使用機場貴賓室、免費贈送飛行期間旅平險和旅遊不便險。

當薪水入帳後，除必要開銷的現金先提領外，其餘金額很快地被信用卡繳費單扣光了。這樣做的好處是可以強

迫購買保單、基金股票和繳學習費用，由於手上沒有太多現金可支配，所以也不會亂花錢。

信用卡好處多，優點是可以累積紅利積點換飛機哩程數或現金回饋。二十多年來，我因此換了許多免費機票或機艙升等，現在每年現金回饋金額大於1萬元。信用卡的缺點是容易擴張信用變成卡奴，要學會控制消費欲望。可以根據自己的消費習慣，找到對自己最有利的信用卡。

自己開伙省很多

上班族常是外食族，不但花費多，還常常會吃到黑心食品，損及健康。外食一餐的價格不低，鼓勵大家自己開伙，以陽春乾麵為例，小攤子一碗麵雖然可能是銅板價，但同樣分量的一團生麵條市場價格約5到6元，開水滾麵加上醬油膏、香油，比起麵館毫不遜色。

如果假日有空，可以準備多一點的食材，自己帶便當，一魚一肉兩蔬菜，平均一個便當花費銅板價即可應付，一週帶三次便當，剩下兩天和同事共餐，既能省荷包、顧健康，也能兼顧職場的交誼圈。

房租支出不要太高

建議不要住家裡，以免過度依賴父母。工作就應該搬

出去住，獨立自主想辦法養活自己現在及未來，才是負責任的表現。

　　一開始租屋除注意安全性和環境衛生外，也盡量降低租房費用。可以找認識的人一起分擔房租，低薪時只要分租雅房就可，待薪水調整後，再逐步增加預算。

翻身有訣竅

　　如果薪水只有25K，就必須忍痛與小確幸生活型態說再見，耽溺在今天的小確幸，只會讓自己往貧窮線下移動。

　　因為薪水不多，所以每一分錢都很寶貴，用派餅圖把寶貴的薪資重新做個支出比例的調整，切記，一定要將保險、投資與學習納入支出範疇內。

　　好的理財習慣不能少。首先不能沒有保險，沒錢時可先加保定期險和公司團險，先求得基本保障，讓自己萬一不幸遇到意外時，還有站起來的本錢。等到收入增加時，再逐漸建構足額保障。

　　投資不能少，不管金額再小，養成注意投資動態的習慣，可定期定額投入ETF或好基金或好股票，長期報酬是可觀的。

　　再窮也要挪出時間和錢去學習，許多優質課程是免費

的，或是政府有補助費用很便宜。只要有心，一定可以強化自己在職場上的競爭優勢，讓自己的薪水增加。收入成長是脫貧的不二法則。

青貧族要逆轉勝，靠的是能省則省，攢出基本額度投資和學習，刺激薪資本業成長，輔以紀律性理財，達到財富加乘效果，先省才能有創造一桶金的機會。

從節省手續費做起的積少成多

儲蓄、理財教育很簡單,從不起眼的手續費這種「小錢」著手,涓涓細水方能長流。

許多人汲汲營營想要變成有錢人,卻在行為上背道而馳,任金錢在點點滴滴之間消失於無形,然而真正的有錢人有著共同態度:很「愛」錢。不論金額多寡,絕對不會對錢輕忽怠慢,投資或消費時,務求取對其最大效益,尋找最佳方案。

嚴格上說來,除了繼承財產的富二代之外,可以說有錢人是從「愛」錢開始變有錢的,這裡的「愛」指的是關心、在乎與慎重對待。

我們一般小資族要邁向有錢人的行列,第一要學習尊重金錢,例如各種手續費的選擇,就是很好的練習標的。

不經意讓財庫漏水的壞習慣

上班累死了!私人生活凡事求快,求方便,疼惜辛苦的自己,這付出的代價因為額度很小而被輕忽,經年累月

累積下來，是一筆可觀的金額，而且這些看不上眼的小額度，成本往往高得驚人。

以提款來說，隨處可見的提款機很方便，跨行提款的手續費也不高，因此不分本行或他行隨處提。小心！這就是財庫漏洞的開始。跨行提款的成本有多高呢？以單利計算：小資女跨行提款領3,000元，手續費「只有」6元，換成年利率高達73%〔（6÷3,000）×365＝0.73〕。

想想看，股票要有一支漲停板多不容易，但漲停板不過是10%；若一次提領2萬元，換成年利率，降至10.95%〔（6÷20,000）×365＝0.1095〕。以目前一年期定存利率水準1.1%計算，必須有19.9萬元存滿一天，才有6元的利息〔6÷（0.011÷365）＝199,091〕。

一般跨行提款或轉帳都需要手續費，該如何降低費用？一般來說，選擇金融機構不外乎考慮：每月跨行和轉帳手續費、最低存款餘額；本地分行、自動提款機的設置；金融諮詢、銀行人員專業程度等。

善用薪資戶或VIP理財戶的轉帳或跨行提款免手續費功能，若要避免偶爾有大資金跨行需求，可直接設定約定帳戶功能。

走路健身提款，多賺一支漲停板

　　ATM的方便性是一個陷阱，如果沒有跨行免手續優惠，都會區通常多走幾步路，就能找到本行提款機，多走兩步就能賺一個漲停板的幅度10％，還能健身，何樂而不為？

　　另外一個對抗隨機提款的方式是，養成定期提款的習慣，例如計算出每週需要用的現金額度，固定每週同一時間提取額度後放在錢包，既能培養用錢的紀律，也能避免無謂的支出。

　　台灣多數的便利商店都設置有ATM，日本的理財專家即率先注意到，在便利商店內的ATM提款者常會附帶消費，本來只是為提款而進入便利商店，領完錢，現金在手，不自覺又多買了許多不在計畫內的零食、飲料等消費品。所以，應盡量避免在便利商店內提錢。

　　越是小額的金錢，越要注意對價關係，例如在大賣場賣的物品，一般比便利商店便宜。便利商店賣的是「價值」而非「價錢」，顧名思義是讓人「方便」使用，但是我們往往沒有那麼急用，只是懶得預先做準備。我時常購物時帶著小孩同行，小學時，我要她記得自己喜愛的東西價格進行比價，她比價後發現，同樣的零嘴在大賣場售價

8元，而便利商店賣10元，她說：「我買四件就可以多一件了！」從此，她多半能避開隨機性的消費，這是小學生可以做到的事情，相信成人只要願意，一定可以做到。

換匯，股市交易及購買基金，手續費多比幾家不吃虧

現在人出國頻繁，廉價航空刺激許多小資族一放假就往外衝，廉航是不是真正便宜，有機會再來討論。這裡要提醒的是出國換匯交易時，不要忘記使用薪資戶或VIP理財戶會提供特定外幣網銀兌換優惠，可善加比較利用。

如果股市投資下單頻繁，也要找到對自己最有利的條件，少繳無謂的手續費。證券下單手續費0.1425％，券商會依客戶「下單量和方式」退還部分手續費，以增加競爭力，留下優質客戶。

買基金時的手續費也要列入考量，才會增加投資報酬率。假設可以買到同樣的基金，一般而言，在保險公司的投資型保單平台中購買，前置費用（2％～5％，不分基金種類）比較貴，銀行次之（1.5％～3％，債券型和股票型收費不同），基金公司最便宜（小於1.5％，債券型和股票型收費不同）。但如果是大筆金額，保險公司可以降到很低，接近銀行通路。

　　購買基金除了購入的手續費之外，還要注意到其他費用，例如管理費、轉換費、贖回轉申購費用等。銀行通路代售基金的數量最多，種類也最多，像百貨公司，而基金公司像專賣店。大型保險公司的基金數量和種類介於兩者之間，而小型保險公司基金的選擇性甚少。

　　每家通路費率不同，應多加比較，問清楚。善用薪資戶和VIP理財戶，能進一步降低相關費用。到保險公司買基金，雖然前置費用可能比較多，但有許多額外的好處，常能很快地將手續費差額賺回來。

避免信用卡循環利息和違約金

　　信用卡的循環利息高得嚇死人，常常只繳交最低應繳金額或繳款不正常者，不但要繳高額利息和違約金，也會被列入聯徵中心，造成個人信評降低，不得不謹慎。

　　許多金融交易都會牽涉到手續費，雖然都不起眼，但仔細算起來卻很驚人，能省則省。非不得已，只要養成好習慣，及早處理金錢流向，就可以省下許多不需開銷的手續費。儲蓄、理財教育很簡單，從不起眼的手續費這種「小錢」著手，涓涓細水方能長流。

5 花費驚人的養車開銷

購車時，要考慮的不只是車價牌價多少，還要掂量未來十年，需要付出的總額是否在能力範圍內。

除養兒育女外，對多數人而言，購買汽車是僅次於購屋之外的第二大筆消費。買車這件事也常在年輕人的願望清單裡，但買車不容易，養車更辛苦。擁有一部車隱含的費用，常被忽略，到底擁車的代價有多高？

網路論壇上關於應否購車的討論，主張應該購買者聚焦在「回憶無價」這件事情上，強調人生不是只有省錢這件事。不過，現實很殘酷，對沒有足夠資產的人而言，「省錢」確實很重要，所有的理想與夢想，都需要有資源來支撐，而這資源少不了金錢這一項。

養車是新車價錢的兩倍以上

用「養車」來形容人與車子之間的關係真的很貼切，車子如有機體，要持續的用鈔票餵養。養一部車要花多少

錢呢？以60萬元、1600CC新車，開十年二十萬公里報廢
為例：

◆ **車險與驗車費用**：愛車全險第一年可能3萬，第二
年車險可能只保1萬。第三年起，只買最基本的強制險和
第三人責任險，至少4,000元以上。

新車前五年免檢驗排氣，五到十年每年驗一次。十年
以上的「老爺車」，每年要驗排氣兩次，第一次450元，
半年後第二次300元。如果開十年就換車，保費72,000
元，驗車2,250元。保費和驗車共74,250元。

◆ **政府稅**：每年四月份汽車牌照稅7,120元，每年七
月份汽車燃料稅4,800元。十年共繳119,200元，一毛錢
都跑不掉，而且只會越來越多。

◆ **定期保養**：每年回「原廠」定期保養，每五千公里
小保養約2,000元，每三萬公里中保養至少5,000元，每
七萬公里大保養，至少1萬元。

◆ **基本保養費用**：三十二次小保養共6.4萬元，六次
中保養共3萬，兩次大保養共2萬。

輪胎每三年至少要換一次，十年共兩次，八個輪胎，
以3,000元計算，至少2.4萬元。

電池三年換一顆，每顆2,000元，共6,000元。十年開
二十萬公里，冷氣或其他意想不到的零件汰換開銷可能超

過3萬元。

汽車固定清洗和大小保養，一年花費3,000元，十年花費3萬元。總共保養花費最少20.4萬元，實際花費應該會遠遠大於此金額。

算到這裡，幾個大項目的花費已經397,450元了，大約40萬。買一台60萬的普通房車，十年報廢要花100萬，這還不包含停車費用和加油費用。

◆ **停車費用**：如果算臨停停車費和月租車位，大台北地區每月3,500元應該很便宜了，十年也要42萬。如果要買車位，大台北地區行情是150萬到350萬。

◆ **油費**：如果每天要開車八十公里上下班，假日要開車出去玩，十年開二十萬公里很正常。用最便宜的九二無鉛汽油計算：當油價比較貴，每公升35元時，每星期加油費1,500元。當油價比較便宜，每公升20元時，每星期加油費850元。平均每月3,500元就好，也要42萬元。

高速公路收費站的費用和偶而違規被拖吊或超速被罰款就不特別列入計算。「買」車錢60萬元除外，「養」車錢要額外124萬元以上。十年車報廢至少要花184萬元，平均一年18.4萬元以上。

買車或換車的參考點

建議購車時，要考慮的不只是車價牌價多少，還要掂量未來十年，需要付出的總額是否在能力範圍內。

要不要下手買車，牽涉個人的價值觀與生活優先順序。有人認為汽車是個人社會地位象徵，就是要雙B跑車，要付出的代價更是昂貴。哪怕窮得只剩下那台雙B跑車，甚至是貸款也要擁有。對這種近乎信仰的執念，只能說人各有所好。

對年輕人或資產不夠厚的人，應該延後買車，搭乘大眾運輸系統或先騎機車來代步。以月薪4萬元單身小資族來說，年薪60萬元，以上例養車平均一年18.4萬元以上，占支出比重很高，會嚴重排擠其他重要支出，比如房貸、保費、學習、生活、旅遊、儲蓄計畫等。如果有必要的理由需要買車，能開就繼續開，不要常換車。

當經濟能力好轉時，購車即可列入考慮，例如同樣是年薪60萬元，但已成家的，小家庭兩人有收入，年薪120萬元以上，養車就相對輕鬆。如果家庭年收入200萬元，房貸、保險、理財和退休規劃都按照「理想」的劇本走，又怕投資失利，所以手邊握有500萬元現金，屬於「呆儲蓄」一族的人，買台百萬休旅車或換一台雙B轎車，慰勞

自己辛苦工作二十年，也是沒問題的。

一輛車要開多久

　　何時該換車？有人從車齡算，認為六年該換一部車，有人從公里數計算，認為十萬公里就該換了。這要看汽車駕駛人的習慣和保養的狀況。如果各方面都很好，定期保養零件，該換就換，沒有安全性顧慮，就可以繼續使用。

　　如果倒楣買到「檸檬車」，新車屢修不復，保固期內瑕疵不斷。過保固期後就要不斷花錢去修，可能要忍痛處理掉。遇到洪水變泡水車，大小毛病不斷，也應該換。有錢，當然也可以「隨時」換車。

節省開銷有方法

　　養車要如何省錢？我的經驗是，用花錢來省錢，最保險做法就是定期保養，輪胎或零件該換就換，寧可先汰換，也不要冒安全上的風險。養成好的開車習慣，可以減少汽車耗損的速度，維修費用也可以節省許多。

　　對於維修廠的選擇，原廠維修有品質應該沒問題，但價格相對較高。我的經驗是到信任度高且有口碑的修車場定期保養，零件耗材和維修費用只需要原廠的一半到四分之一的價錢，CP值高。如果涉及到安全問題，還是會回

原廠修。

　　汽車拆解後，每個部位可到不同的地方處理，多比價可以省更多。例如：專業汽車全車板金和烤漆只要1.5萬元，原廠卻要3.8萬元，毫不遜色。車用電腦原廠全新的2.5萬元，原廠二手整理的只要1.2萬元。

　　大賣場知名品牌輪胎價格便宜許多，年度促銷優惠時還買一送一，價格優勢，原廠完全無招架之力，定期保養和材料費用也很便宜。

　　汽車冷氣機，只要買二手整理機，保固兩年，6,000元不到，到大盤商直接購買，而原廠全新報價2.8萬，且只有保固一年。音響、避震器等耗材零件在汽車百貨購買，品牌或與原廠不同，但價格只有原廠三分之一不到。

　　我也曾付出高額的維修代價。最近六年才「開竅」，自己做功課到外面的修車保養廠分別處理不同狀況，費用節省很多。

　　如果汽車狀況還不錯，二十年也不用換車，馬上節省60萬購車花費。養車費用省的金額有限，都是必要花費，不會因車齡而有不同。

　　我主張汽車是耗材，是代步工具，不如把錢省下來住好一點的房子。當然，這是個人觀點。

6 將額外收入
做長遠打算

年終獎金的運用宜「看長不看短」，應該
優先列入為退休規劃資金的盤算。

年終獎金這件事向來是有人歡喜有人愁。在大環境景
氣變動劇烈環境下，越是覺得獎金稀薄，越要化悲
憤為力量，將年終獎金養肥、養大，早日完成退休規劃。

盡早啟動複利的效益

所有的證據都顯示，富有的人機會比較多，連年終獎
金都是富有的人拿走多數。也有些人會說，就這麼一點點
錢做不了什麼事情，乾脆一次花光，萬萬不可掉入這典型
的「魯蛇」思維裡。

沒錯，世界是不公平的，連下面介紹年終獎金的運用
方式，都分有「勝利組」與「平民組」，但往好處想，活
在台灣，至少還有機會可以為自己做選擇。

年終獎金的運用宜「看長不看短」，是著眼於年終獎
金這非固定收入，理論上應該不會排擠到現有的生活開

支，因此應該優先列入為退休規劃資金的盤算。退休計畫啟動得越早，複利的效益越大，具體的計算在文末會舉例說明。

優化個人財務

依據個人的財務條件不同，越是財務狀況良好者，操作策略「攻守皆宜」，但切忌毫無所為，日本已經採取負利率政策，台灣的利率亦低，錢擺著自然就變薄。

因此，建議投資屬性再怎麼保守者，拿到年終獎金除了犒賞自己，至少可加買「保障」，或將獎金移至購買「儲蓄險」，除了強迫儲蓄和抗通膨外，尚有財務移轉及稅賦上的優勢。

身為理財規劃顧問，我必須坦白高所得族群較有尋求專業協助的意願，但是實際上資源越有限的人，越應該學習如何做有效的規劃，才能達到財務優化。

通常，如果有財務方面的困擾，去找理財規劃顧問談，顧問現在建議你做的事，是為你未來著想，基本上一定會有加強保障或投資這兩部分。

你需要提供目前的所得資料、資產負債、保單、預計何時退休、身體狀況、家族病史、何時有何種資金需求等，透過專業人員協助審視你心目中的計畫是不是具體可

行，並且朝個人限制條件內，最有利的方向修正。高資產者還要規劃遺產和贈與稅，也要了解房地合一稅的問題，對家族財產最好分清楚。

　　理財規劃顧問與你合作擘劃出專屬的財富地圖，但是你必須拿著地圖真正上路。如果沒有下定決心執行，是不能順利達陣的，關鍵在執行力。

越窮越要投資，創造效益

　　社會福利和退休制度無法依賴，自立自強比較可靠。趁著還有能力時攢下餘錢，不要嫌棄「飽帶飢糧」觀念過時，退休是每個人都會遇到事。年輕就是本錢，講的是發展機會，同時也是時間複利效益。

　　如果平日口袋不夠麥克，拿到年終獎金時，切忌金錢暴食症上身，一下什麼都想要，亂花一通。結果，既沒有獲得滿足感，錢也跑到別人的口袋。建議拿到獎金時，以投資為唯一思維，讓錢有機會長大。

　　有些人會說，環境動盪，現金為王。這樣說有盲點，第一你能否守住現金，不無疑問。第二現金逐漸變薄當中。有錢人要保守，但不夠有錢時，就要積極，才有逆轉勝機會。

　　財務狀況相對差的人，建議無論如何要挪出資金買

「基本保障」和「買好的基金或股票」，長期持有。你沒有條件將年終獎金這些錢花掉，否則年復一年，失去投資獲利的機會。

將投資這件事放長二十年、三十年做規劃，越早開始越好，投資失利還可以學到經驗再站起來，一路修正累積功力，小小的年終獎金也能啟動滾動財富的巨輪。

投資行動起跑的時間點差很大

到底不同時間點投入理財規劃的差距有多大？以下舉我三位大學同學的例子為說明。

大學同學A、B、C三人三十歲時對財務見解不一，打賭相約60歲時一較高下，三人均選擇年化報酬率8％的投資標的，採取的策略則分別如下：

◆ A先生31歲開始每年投入20萬元，一直到40歲停止，不再投入新的資金。

◆ B小姐31到36歲這六年一毛錢都不存，但自37歲之後，每年投資20萬元，直到60歲。

◆ C先生31到40歲這十年一毛錢都不存，但自41歲之後每年投資30萬元，直到60歲。

三十年間，本金累計：

A先生：累計投入本金200萬元。

　　　（20萬×10年＝200萬元）

B小姐：累計投入本金480萬元。

　　　（20萬×24年＝480萬元）

C先生：累計投入本金600萬元。

　　　（30萬×20年＝600萬元）

到60歲時結果：

A先生：本金200萬元，複利8％，經過三十年比賽
　　　後，本利和：13,504,247。

B小姐：本金480萬元，複利8％，經過三十年比賽
　　　後，本利和：13,352,951。

C先生：本金600萬元，複利8％，經過三十年比賽
　　　後，本利和：13,728,589。

　　這個競賽顯示：越年輕投入的本金越少，越省力。年
紀越大，投入的本金和時間要越大才能達到目標。有紀律
的存錢投資，越早啟動投資計畫越輕鬆。

　　比賽結果是：A先生輕鬆獲勝。

步驟 3

擁有活力的
財務行動

從證券投資、房地產投資、
黃金投資甚至綠能投資，
作者將剖析該有的投資觀
以及投資方法和時機，
讓你能夠以合理的預算也能做到
適當的投資計畫，
讓少少的錢也能滾出大財富。

股票投資篇

1 投資要趁早，
上大學的第一天就去開戶

**一時的獲利不是贏家，長期能過著吃得下、
睡得著安穩生活者，才是真正的勝利者。**

台灣的投資人對技術線型的熱衷，應該是全球排名數
一數二，大家企圖弄懂那些炫目的專門術語，求取
在曲曲折折的股市走勢圖裡尋得富貴。不過，我要潑冷水
的說，只憑技術分析就想縱橫股海，還不如雙手捧錢請人
家花，至少還會有一聲「謝謝」。

靠技術分析橫行天下的好時光是在二、三十年前。我
在高中的時代，一九八六年台股指數一千點時，當家人的
抽籤人頭戶，開戶後，就開始我的台股人生。

那是全民瘋狂買股的年代，台灣錢淹腳目、股友社橫
行、沒有集保制度、需要現股交割，行情以收音機為主的

大時代。後來電視才有即時轉播，許多人辭去工作，專心
炒股。

　　每到寒假、暑假就是我的交易時刻。我的運氣很好，
一開始投入股市就賺，沒有像雜誌寫的一樣悲壯，破產 N
次後再重新站起來，但也不會短期間狠賺到令人羨慕。一
切就是從小錢賺起，不斷累積小勝為大勝。

跨領域學習投資技術

　　大學寒暑假，大家都在打工賺錢，我先試過以勞力賺
錢，後來覺得很不划算。就以 3 萬元為本金，號子為「打
工」的地點，克服寒暑假的限制，只要股市有開盤，上午
課程不點名，就在號子「上班」看盤，培養敏感度。

　　在這時期我學習股票技術分析，靠技術分析是容易上
手的技術，自己看書就可以。在對手都是無知散戶的情況
之下，靠技術分析可以賺到錢。

　　隨著外資和專業法人進入台灣，技術分析越來越難賺
到錢。讀化學研究所時忙著做實驗、寫論文，同時固定抽
時間研究財務報表。發現財務報表沒有表面上看起來那麼
困難與複雜，簡單的原則靠自己進修就可以上手。跟著財
報可以找到不錯的標的。

　　研究所課業重和當兵服役期間，很難有時間看盤和做

交易，這段時間我就用財報選股，以長期持有來度過。那時我的選股功力不夠，資訊獲得也不易，軟體不普遍且功能不強，四年下來，發現存股也沒賺很多，適時停利比較實在，否則股價上上下下，反而白忙一場。

隨之而來的法人時代，三大法人占台股比重越來越高，而且企業財報造假事件常有耳聞，還有整間公司被老闆掏空、坑殺投資人，所以只靠財報和技術分析也不容易賺到錢。

工作時從事電子業，便藉機驗證公司財報和老闆誠信，並開始研究產業、政治、經濟局勢，政府政策對股價的影響和行為財務學，同時也了解公司經營階層的作為，如何影響股價。之後，自認為系統性學習最省事，於是工作之餘取得交大MBA學位，將以前片段的知識匯整融合，以增加股海賺錢的機率。

投資股市是一輩子的事，跨領域學習與時俱進，才能在股海中存活。不用捨近求遠，身邊就有最好的資源與寶藏。

投資重視紀律和邏輯

許多投資人都不夠用功，急功近利，到處打聽明牌。賺到錢以為自己很厲害，其實是運氣好。在不知道投資的

風險是否大於自己可以接受的狀況下盲目投資，賠錢賠到破產也不意外。一旦套牢就睡不好，結果通常買高賣低，永遠懊惱。

投資首重的是紀律與邏輯，要先有自己的投資邏輯，而非人云亦云，自己亂了套。多聽市場的聲音，而且不要和政策相悖，要有自己的邏輯。我有一本歐洲股神安東尼·波頓的簽名書《逆勢出擊：安東尼·波頓投資攻略》，不同時間閱讀都有不同體驗。

波頓表示：「一位優秀的經理人從不停止學習，我就是如此。」對他而言，在投資股票時，最重要的不是目標價格，也不是資產配置，而是信心。

彼得·林區說過：「想要投資成功，你只有全力以赴。」如果股市一片哀鴻，悲觀氣氛濃厚，想必低點也快到了，千萬不要喪失信心！

十年線是進場的好時機

事實上，有些領先指標很好用，透過領先指標可以知道，低點不多，有錢就買。例如半導體 B/Bratio 大於 1，以台股來說，相對於台積電是好消息，可以伺機介入。但在漫漫等待股票獲利或在這之前，要有耐心度過黎明前的黑暗。

據統計，台股自二○○○年來，指數低於十年線只有八次。在弱勢整理的格局，握有現金的人可以在十年線8,000點附近，分批買指數或大型龍頭股，等待大獲利來臨。

如果你還有勇氣與現金，應該在二十年線7,200點附近大幅加碼，然後抱牢股票、等待巨大獲利。

當市場消息面很多時，有心人會利用某些訊息達到目的。如果套牢就套牢，不要抱怨，沒事不要自己斷頭、退

台股自2000年以來，指數低於10年線只有8次

跌破日期	起跌點數	期間低點	跌幅（％）	站回天數
2000/09/30	6225	3411	45.2	380
2002/04/01	6283	3845	38.8	440
2004/04/29	6425	5255	18.55	400
2008/09/09	6552	3955	39.64	160
2011/12/19	6745	6609	2.02	3
2015/08/21	7800	7203	7.65	5
2016/01/07	7880	7628	3.2	13
2016/01/26	7880	7800	1.0	3

資料來源：前5筆為網路公開資訊，後3筆吳家揚整理。

出賽局，否則就真的虧大了，等不到大行情。

　　有空時不要忙著滑手機，多聽聽講座和論壇。每個專家總是會講對一小部分，但如果要在投資市場存活並賺到錢，多聽聽這些學者專家的論述很有幫助。我自己就開了一個粉絲頁記錄聽到的講座論述，方便自己回顧並從中再學習。

　　在台股7,200點二十年均線不敢買的人，機會就錯過了。台股8,000點十年均線不敢買的人，機會就又錯過了。所以你永遠不會買股票，當然股市漲跌也和你沒關係。我的做法是效法巴菲特，認為股票低估且投資價值浮現就介入，不要管短期波動，長期都會是贏家。

投資要賺取合理利潤

　　有時早上出門還豔陽高照，吃完午餐後開始下大雨，幾個小時後，太陽又露臉。股市和氣候一樣都會變化，而耐心等候有時是必要的。

　　在市場激烈變動情況下，多擁有一些知識和避險工具可以逢凶化吉，增加收益。比方：歐台期、歐台選、期貨、期貨基金和ETF等，當然都要花時間學習並了解。投資有一定的風險，要有自己的論述能力，才能在資金住進總統級套房的情況下，還能一夜好眠，最後還可以當贏

家。

建議沒有時間看盤而要買股的投資人可以買各類型ETF、龍頭股、高殖利率股或研究過的股票。每個月用5,000元或10,000元買零股，薪水入帳那天定期定額買進，然後長期持有，持續追蹤調整。

切記，投資是用來賺取合理利潤，而不是窮忙，更不是賠錢做善事。希望大家用對方法，才能悠遊股海賺到錢，並增進生活品質。

藉著投資獲利改善自己的生活品質，不要被快速致富的案例蠱惑。一時的贏家不算贏家，長期能過著安穩生活者才，是真正的勝利者。

學習大師的投資心法

如果有人敢保證零風險，那一定是謊言。

投資市場是變動的，漲多必跌，跌多必漲。其實，從歷史數據來看，有三分之二以上的時間，股市都處於多頭。

投資大師安德烈・柯斯托蘭尼形容，經濟景氣與股市的走勢，就好比主人與狗一樣，即使主人沒有前進或緩步前進，狗還是會來來回回跑很多趟，這就是現在投資市場最好的寫照。

對投資人來說，每一次的市場變化都是一次性格上的試煉。因為世界上並沒有一種方法可以保證投資完全規避風險，如果有人敢保證零風險，那一定是謊言，在投資市場，只有時間能夠證明個人選擇是對或錯。

從人性來看，如果認為接下來股市將有大幅度震盪或下跌的機會，許多短線投資人會選擇先出清手上持有的投資部位。這裡要提醒的是，當要賣出股票時，必須知道為

何而賣，也要明白什麼時候再進場。許多投資人都是在恐慌性賣壓時拋出，回到低點不敢回補，成為市場的祭品。

投資要有一套自己的投資方法與邏輯，千萬不要只盯著不斷跳動的數字而影響判斷。現在看到的數字和一年後看到的數據可能差不多，但一年來許多殺進殺出的投資人，或許已經橫屍遍野了。

投機交易或資產配置

因而，與其憂慮股災，不如冷靜確認自己的投資屬性，謀定策略而後動，知己知彼，才能百戰百勝。

我們將錢投入投資市場時，到底要用什麼心態？投機交易還是資產配置？索羅斯與巴菲特是大家耳熟能詳的兩個指標性人物，他們鮮明的操作風格可以提供我們對照，思索自己的因應之道。

索羅斯善於等待市場非理性膨脹，從小泡沫漲成大泡沫，然後精準地在「泡沫破滅前兆」大舉放空獲利，他被歸為「投機交易」的代表。

巴菲特敢於危機入市，趁低價承接一路往下買進好標的，再等市場回春獲利，他被歸類於「資產配置」的代表。

投機交易型和資產配置型相較，沒有絕對的好或壞，

也無所謂的道德問題，純粹就是個人特質。這兩位人物大家都不陌生，我們再來熟悉一下。

金融巨鱷索羅斯

索羅斯於一九六九年建立「量子基金」，迄今締造投資界無數驚天大作，二〇一五年一月二十三日在「達沃斯經濟論壇」私人晚宴上宣布退休交棒。

索羅斯的有名戰績如一九九二年狙擊英格蘭央行，最終英國被迫退出歐洲匯率體系；一九九七年對泰銖發起攻勢，導致亞洲金融風暴；二〇一二年做空日圓，至少賺十億美元。

他是貨幣投機家、股票投資者、慈善家和政治行動主義分子，是市場上的傳奇人物。

索羅斯有許多經典語錄常被引用，例如「身在市場，你就得準備忍受痛苦」、「如果你的投資運行良好，跟著感覺走，並且把你所有的資產投入進去」、「炒作就像動物世界的森林法則，專門攻擊弱者」、「當有機會獲利時，千萬不要畏縮不前」、「當你對一筆交易有把握時，給對方致命一擊」、「如果操作過量，即使對市場判斷正確，仍會一敗塗地」。

從索羅斯身上我們學到的是一名投機交易者，當股市

或標的物大漲，就是最大的利多。索羅斯研究經濟政治局
勢，當市場過熱時，就是準備要出擊做空的時刻了。

股神巴菲特

　　巴菲特自一九六四年投資「波克夏海瑟威」以來，累
積淨值成長超過七千五百倍，股價市值成長超過一萬八千
倍，五十年來，年化報酬率高達21.6％，締造驚人的紀
錄。

　　如果波克夏是個國家，公司營收是GDP，它將名列
全球前50大經濟體。波克夏有五百家以上事業體，子公
司雇用的員工超過三十萬人。公司擁有400億美元以上現
金。

　　它是創造最多億萬富翁的公司之一，股東、子公司創
始人或主管等因而致富。巴菲特身價更超過700億美元，
是位傑出的管理者，也是市場上的傳奇人物，在台灣，連
小學生對他的名字都朗朗上口。

　　巴菲特的投資屬性更符合台灣人傳統的價值觀，但多
數人都是知易行難。巴菲特的經典語錄如「開始存錢並及
早投資，是最值得養成的好習慣」、「買熱門股票不可能
賺大錢」、「別理股市，別擔心經濟，要買事業而不是買
股票」、「只有不知道自己在做什麼的投資人，才需要分

散投資」、「要投資成功，就要拚命閱讀，不但讀有興趣購入的公司資料，也要閱讀其他競爭者的資料」、「投資不僅要買得早，還要賣得早」、「只有退潮時，你才知道誰在裸泳」、「投資的秘訣是：別人恐懼時我貪婪，別人貪婪時我恐懼」、「自認對市場震盪起伏敏感而殺進殺出的投資人，反而不如以不變應萬變的投資人容易賺錢」。

從巴菲特身上，我們學到的是一名資產配置者，當股市或標的物大跌，就是最大的利多。他研究經濟政治局勢，很有耐心的等到相對低點「投資護城河」出現時，然後大舉加碼買進長期持有，獲取巨額成長利潤。

投資好比攀登高峰

我們想學習成為金融巨鱷索羅斯或股神巴菲特，卻只是「邯鄲學步」，許多人輕忽，投資必須經過學習與練習，而且要有毅力與恆心。

投資譬如登高峰，如果要登上聖母峰，必須有良好身心靈狀態、充足的裝備、精準的氣象報告、導遊嚮導、醫療設備和知識常識等，而且要從小山一步一腳印開始練習。畢竟登大山一不小心就會要人命，全世界也沒有幾個人上得去。

股市走勢圖和山的地形很相似，感覺好像可以攻頂

了，氣候卻不允許或來不及下山而滅頂。股市也是，以為要上攻了，身家全部重壓了，卻先來個重挫，等到沒信心退出市場財富滅頂之後，它真的就一飛沖天，令人不勝唏噓。

　　從目前的結果來看，巴菲特與索羅斯都算是成功登頂者。但可以確定的是，我們的投資能耐既不是索羅斯也不是巴菲特，但培養良好的投資心態和抗壓性，便可以在股

台股股市趨勢圖如同山形，上上下下

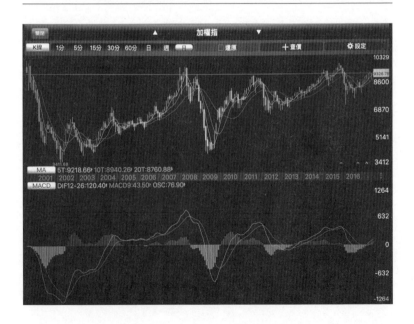

市中賺到合理的利潤,而不用管指數現在在哪裡。

　　而且合理利潤平均一年10%,像登小山甚至像走山間步道一樣輕鬆,又不會有生命財產安全顧慮。

適時適性的投資策略

　　觀察手中持股是否需要調整,如果企業沒有特別重大營運危機,就不應該輕易賣出持股,反而應該逢低加碼。

　　股票重挫時,投機交易放空賺錢者,做夢都會笑。雖然股票大跌,使帳面資產大幅減損,令人心慌,但資產配置者要耐心地等待時機,買進低成本的好公司股票。

　　同理,股票上漲時,投機交易放空賠錢者,大概很沮喪,這時資產配置者可以享受資本利得。做多做空,完全依照自己的投資邏輯和判斷。輸不起,就不要玩太大,以可以睡好覺為原則。

3 本夢比股票
買與不買都需要勇氣

**一檔個股要用「本夢比」還是「本益比」
的角度看待，操作邏輯是迴異的。**

每隔一段時間，台股不同類股總會輪番上演有夢最美的「本夢比」行情，這類型的股票常讓投資者陷入「想買，買不下手」、「不買，怕錯過行情」的矛盾心情中掙扎。

生技醫療股票一度大起大落的美麗與哀愁，帶來啟示。

二〇一五年七月二十五日，生技醫療股股王基亞「盲測」未過，延誤新藥上市時間，股價連跌二十一根停板，股價從479元跌到105.5元，使得一度生機蓬勃的各個生技族群從雲端跌落地面，股價摔得粉身碎骨，消極了好一陣子。

副總統陳建仁先生對生技醫療專業豐富，曾說過：「台灣未來在生技醫療產業上，可以變成另外一個新興產業，而且是兆元以上的產業。」為生技醫療類股注入新的

想像空間。

未來的明星產業

　　生技醫療產業被視為下一輪的明星產業，國發基金投資生技製藥業約三十年，直接投資包括國光生技、台灣神隆、中裕新藥、保生、普生、健合、聯合、藥華醫藥、智擎、台康等十四家公司。

　　這些公司大部分都還在研發階段，產品本身尚未獲利，但研發技術有進展。國發基金即估算，扣除投資成本之後，獲利在新台幣100億元以上。

　　而櫃買中心在二〇一一年底，生技業市值僅占櫃買7％，隨旅居海外的生技大咖陸續回國貢獻所長，台灣生技部落逐步成型，在最近掛牌的個股中，生技產業占大部分，顯示市場對產業相對樂觀。

　　股價被壓抑很久的生技醫療股又活過來，浩鼎股價續創新高，而且二〇一五年十一月三十日被納入MSCI成分股，生技類股掀比價風。另外，證所稅在二〇一六年一月一日廢除，生技醫療業大股東困擾的首度公開發行條款（IPO）及大戶條款法令鬆綁，法人預期中實戶可望回籠，新藥、創新醫材，及新掛牌公司有機會成為新寵。加上生技股籌碼面相對穩定，都為類股帶來好的結果。但好

景不常，浩鼎二〇一六年二月底盲測未過，股價重挫，生技股來去一場夢。

了解股票本質和評價標準

在問要不要追價之前，應該先釐清「本益比」與「本夢比」的差異，以及個人投資觀點與信念。一檔個股到底該用「本夢比」的角度，還是「本益比」看待，在操作邏輯上是迥異的。

本益比＝股價÷每股稅後純益

意義是，要賺1元的收益，需要投入幾倍成本。如果投資10萬元，每年能拿回1萬元，本益比就是十倍。本益比越低，代表投資越便宜划算。十倍本益比也可以理解成，需要十年才能賺回原本投資的金額。

本夢比＝目前你做夢想到的股價÷每股盈餘

假設每股盈餘0.5元，但你做夢他可以漲到500元，所以500÷0.5＝1,000，也就是說，你投資這家股票，如果沒有預期中的爆發性成長，一千年後才可以回本。

　　一般對於股價的判斷指標，常使用「本益比（P/E Ratio）」。但網路公司或生技製藥創業在初期通常沒有明顯獲利，大部分的公司都還沒盈餘（E），因此出現「本夢比」這種指標，就是紙上談兵的價格，表示要看的不是「利益」，而是「夢想」。當「本益比」高到離譜的地步，就變成「本夢比」。

　　那麼從哪裡可以找到「本夢比」呢？可參考櫃買中心和證交所本益比的前六名類股當作參考。櫃買中心是本夢比的大本營，但風水會輪流轉，而生技醫療類目前名列前茅。

本夢比的條件

　　本夢比要比什麼？要比資本額、經營團隊、得獎紀錄、創辦人績效、口袋有多深、智慧財產權保護、營業秘密保護、技術能力、「供給創造需求的能力」等。符合這些資格者，或以前市面上沒有的產品，例如「二〇〇〇年的網路公司」、「生技新藥公司」和「蘋果公司」為代表。

　　新藥的研發是一條漫長的路，至少要十到二十年才會看到效益。現在很多台灣的公司研發的新藥已陸續進入第

三期人體臨床試驗，這是一個很重要的指標。雖然不一定每個都會成功，但只要有成功上市的新藥，會進一步促進國內生技產業蓬勃發展。

新藥的開發是燒錢的無底洞，有「富爸爸」的支持加上個股具有題材，即容易被市場青睞，是標準的「本夢比」股票。只要在浪頭上，民氣可用，追逐「本夢比」可以賺到錢，可以當飯吃，但時機要對。

本夢比反轉時刻要趕快賣、趕快逃

要如何注意本夢比的反轉時刻？當政策作空、新藥解盲未過、公司沒有創新或研發能力、MSCI調降評等、投資機構法人不再邀請參加海外法說會，或公司明星產品上市（利多出盡）時，本夢比行情大概就結束後，就要回到本益比。

當本夢比回到本益比後，就要比較企業經營績效這個硬底子。這時要選連「猴子」都可以經營且賺錢的公司，產業最好是找重複可消費性的，如食品類或藥物類，而避開景氣循環股，才有機會穩定的賺到錢。

從比較中得知，上櫃股票是「本夢比」的大本營。

在2016年11月上櫃股票定義的26類中，本益比前六名的類股

類股名稱	本益比	殖利率	股價淨值比
電器電纜	N/A	5.15	1.05
觀光事業	117.79	3.93	1.97
生技醫療	103.41	1.54	3.51
文化創意業	89.45	2.45	2.90
塑膠工業	40.21	5.19	1.16
電子通路業	34.57	3.97	1.20
市場總和	27.15	3.54	1.92

資料來源：證券櫃檯買賣中心。

在2016年11月上市股票定義的36類中，擇其六類與櫃買中心比較

類股名稱	本益比	殖利率	股價淨值比
電器電纜類	16.25	1.98	0.77
觀光事業	23.84	3.48	2.17
生技醫療類	25.67	2.82	2.27
文化創意業 （沒此分類）	----	----	----
塑膠工業類	16.98	3.98	1.73
電子通路類	11.29	6.41	1.30
大盤	16.70	4.36	1.62

資料來源：台灣證券交易所。

生技醫療類股龍蛇雜處

　　生技醫療類股的本益比相對較高，代表投資人願意多花一些錢購買這類型的股票。不懷好意的經營者，都想掛羊頭賣狗肉或借殼上市，當大家發現這是一場騙局時，美夢變惡夢，本夢比變本益比，甚至股票變壁紙時，投資人成為炒作之下的犧牲者。

　　許多和生技新藥或醫療材料無關的公司也到生技類掛牌，享受高的本益比和高股價，投資人要學會分辨真偽，才不會虧大了。

4 ETF
是投資人的好朋友

流動性是投資ETF的重要指標之一。

近幾年來，ETF（ExchangeTradedFunds，指數股票型證券投資信託基金）在世界各國的法人和個人投資的比重大幅提高，成交量越來越大，在投資市場中的分量越來越重。

國人投資ETF的市場人數增多，躍躍欲試者眾多，但國內多半ETF的小額投資人對其商品屬性，可能連一知半解都還稱不上，即勇敢入市，為此而失利者亦不在少數。投資前，要了解ETF的基本原理原則，才有機會獲利。

揭開ETF的面紗

ETF是追蹤標的指數變化，並可以在證券交易所交易的一種基金，也是所謂的「被動型基金」。

ETF的基金經理人依照標的指數成分的權重調整，進行資產配置。當標的指數上漲或下跌，EFT淨值也會隨之

增加或減少。對於不會選股或沒時間研究股票的人，可利用ETF投資一籃子的股票，達到分散風險的目的。

一般基金是經理人操作經過研究團隊評估過的投資標的，是主動型基金，收費標準比ETF貴許多，且長期績效不一定比較好，獲利被基金公司「剝削」很大。

與共同基金的不同之處在於，一般ETF會每日公布其投資組合，讓投資人可清楚便利的掌握目前基金內的資產內容。ETF從單一追蹤指數商品到期貨、槓反、主動型，逐漸演變成投資整體解決方案，市場接受度大增，新產品持續推出。

如何購買ETF

投資人若欲投資國內ETF，可透過兩種管道，第一種管道是從初級市場（同開放式共同基金，可在證券市場收盤之後，按照當天的基金淨值跟基金發行商申購），第二種管道是從次級市場（同封閉式共同基金，從證券市場直接購買，買賣價格由雙方共同決定）。

投資人若想從初級市場進行實物申購或實物買回手續，必須先備妥該指數所包含的一籃子股票，或是手上必須擁有大量的ETF，再依此進行實物申購或買回的手續。

初級市場實物申購或是贖回成分股，都需要備妥一籃

子指數成分股,所以需要的現金部位非常的龐大,大多都是大型法人機構進行交易。

以0050為例,它的最小實物申購單位為50萬受益憑證單位,算換為市值2,500萬元到3,000萬元(依當時0050單位淨值而定),並非一般小額投資人所能負擔。但在次級市場中,投資人只要擁有一小筆現金便可進行投資,交易方式和股票一模一樣,可在盤中隨時進行買賣。此外,ETF一上市便可進行信用交易,且不受平盤以下不得放空的限制。現在投資海外ETF也相當方便,投資人可以透過國內券商開設複委託帳戶,或是銀行開立帳戶購買ETF,也可直接透過海外券商購買。

透過ETF投資全世界

ETF投資顯學,從台灣第一檔ETF由寶來二〇〇三年六月三十日(經合併後,現已更名元大)發行的0050採用完全複製法追蹤台灣50指數,到各家投信大舉投入資源發行,ETF的投資標的涵蓋國內外、原油、黃金、槓反等。台灣交易市場的ETF目前分為五大類,共發行六十檔(到二〇一六年十月三十一日)。從台灣證券交易所網頁「ETF專區」即可查詢。

ETF的流動性非常重要

但若ETF成交量低，流動性出問題，也可能清算下市，例如寶來（現已併入元大投信）發行的寶富盈（櫃買006202）就是一例。

寶富盈是在二〇一一年一月十二日成立的指數股票型基金（ETF），也是台灣首檔債券ETF，採取追蹤台灣指標公債指數的被動式管理。

二〇一一年八月由於長期流動性不足，且二〇一三年因次級市場交易價格長期低於淨值，折價幅度達20％左右，加上交易量低落，導致流動性不佳，於二月二十六日召開受益人會議，通過申請終止上櫃及後續清算作業，同年五月二十一日終止上櫃、五月二十七日為清算基準日。這檔ETF壽命短並讓投資人損失不少，令人印象深刻。

目前台灣六十檔ETF中，許多都有流動性問題，流動性一定要列為重要指標。所以老話一句，投資前還是要做功課，等上市一段時間後，各方面評價都可以時，再投入資金。

弄懂折溢價，獲取額外報酬

進行ETF買賣之前，要先弄懂其「折價」、「溢價」

原理。因為ETF具有初級和次級市場兩種投資管道，因此常常可以見到ETF次級市場的成交價格會高於或低於該ETF的淨資產價值。當ETF市價高於其淨值時，稱為溢價（Premium），低於其淨值時，稱為折價（Discount）。

　　為何ETF會有折溢價情況發生？如果投資人對未來指數的看法樂觀，紛紛買進，買盤大於賣盤，ETF很容易出現溢價，表示投資人看好後市，願意以高於ETF淨值的價格買進ETF。反之，當投資人不看好後市，使賣盤大於買盤，容易造成ETF折價。

從台灣證券交易所
ETF專區的「盤中交易資訊」查詢訊息

資料來源：TWSE台灣證券交易所。

從台灣證券交易所，
ETF專區的「盤中交易資訊」查詢淨值

| 亞洲時區ETF | 歐美時區ETF | 商品期貨ETF | ETF期貨市價 |

資料時間:2016-12-21 14:35:30

基本資料		淨值				市價				折溢價		初級市場
股票代碼	基金名稱	昨收淨值	預估淨值	漲跌	漲跌幅	昨收市價	最新市價	漲跌	漲跌幅	折溢價	幅度	可否申購
0050	元大台灣50	12/20 71.87	71.43	▼0.44	0.61%	71.75	71.70	▼0.05	0.07%	0.27	0.38%	＋
0051	元大中型100	12/20 25.60	25.62	▲0.02	0.08%	25.50	25.50	0.00	0.00%	-0.12	-0.47%	＋
0053	元大電子	12/20 29.61	29.41	▼0.20	0.68%	29.33	29.27	▼0.06	0.20%	-0.14	-0.48%	＋
0054	元大台商50	12/20 21.25	21.23	▼0.02	0.09%	21.15	21.15	0.00	0.00%	-0.08	-0.38%	＋
0055	元大MSCI金融	12/20 14.61	14.54	▼0.07	0.48%	14.53	14.53	0.00	0.00%	-0.01	-0.07%	＋
0056	元大高股息	12/20 22.98	22.93	▼0.05	0.22%	23.10	23.03	▼0.07	0.30%	0.10	0.44%	＋
0061	元大寶滬深	12/20 16.14	16.13	▼0.01	0.06%	15.76	15.95	▲0.19	1.21%	-0.18	-1.12%	＋
006201	元大富櫃50	12/20 10.95	10.92	▼0.03	0.27%	10.96	10.96	0.00	0.00%	0.04	0.37%	＋
006203	元大MSCI台灣	12/20 33.25	33.06	▼0.19	0.57%	33.03	33.15	▲0.12	0.36%	0.09	0.27%	＋
006206	元大上證50	12/20 26.15	26.27	▲0.12	0.46%	25.85	26.12	▲0.27	1.04%	-0.15	-0.57%	＋
00631L	元大台灣50正2	12/20 25.12	24.97	▼0.15	0.60%	25.04	24.97	▼0.07	0.28%	0.00	0.00%	＋
00632R	元大台灣50反1	12/20 16.11	16.16	▲0.05	0.31%	16.10	16.12	▲0.02	0.12%	-0.04	-0.25%	＋
00637L	元大滬深300正2	12/20 12.14	12.37	▲0.23	1.89%	12.16	12.43	▲0.27	2.22%	0.06	0.49%	＋
00638R	元大滬深300反1	12/20 18.54	18.37	▼0.17	0.92%	18.42	18.19	▼0.23	1.25%	-0.18	-0.98%	＋
00661	元大日經225	12/20 24.47	24.40	▼0.07	0.27%	24.23	24.21	▼0.02	0.08%	-0.19	-0.80%	＋
00667	元大韓國	12/20 19.17	19.10	▼0.07	0.34%	19.08	19.06	▼0.02	0.10%	-0.04	-0.23%	＋

資料來源：TWSE台灣證券交易所。

　　當市場價格與淨值之間呈現較大幅度的乖離時，投資人可以買進溢價較低甚至是折價的ETF，同時放空賣出溢價高的ETF，進而等待兩個ETF回到價平的時候，便可反向平倉，獲利了結。

多項優點的 ETF

ETF 是一種貼近指數報酬的商品，其包含的投資組合依照指數所包含的成分股調整，因此投資 ETF 具有分散風險的優點，而投資人也可因此清楚的了解目前 ETF 的成分股為何。

加上 ETF 的管理費用相當低廉，一年的管理費約為0.35％，比起共同基金2％～3％低了許多，所以 ETF 算是一種投資相當方便並費用低廉的商品。

總而言之，ETF 具備了交易方便、成本低廉、分散風險、多樣化、透明度高、信用交易等許多優點。

但投資畢竟有風險，也不保證獲利，了解 ETF 的商品規格和特性，才有機會從中獲取「額外的利潤」。如果不甚了解，當成一般基金定期定額扣款也行，但最好選擇流動性沒問題且長期看好的商品。長期而言，例如0050，獲利應該也不差。

5 稅制改變下的股票投資策略

財務規劃要跟著稅制改變而調整。

股價指數是經濟的櫥窗，也是經濟領先指標之一，股市漲跌因素很多也很複雜，經濟、稅制和政治是三大因素。三大稅制改變，「證所稅廢除」、「股東可扣抵稅額減半」和「富人稅」，到底誰會受影響？

平民小老百姓如你我，應注意稅制改變的影響，例如欲參與股票除權息者，就不得不注意股東可扣抵稅額減半與個人稅額級距之關係。政策變了，我們也要調整個人財務規劃以為因應。

談到證所稅廢除曲曲折折的歷史故事，很難讓人不唏噓，台灣目前政治決定一切，可以是四年前決定執行證所稅政策的一批立委們，四年後同樣一批人，為了選舉，再次廢除它。除了從股市少收到稅金之外，沒有任何好處：搞死成交量，搞死股民，搞死券商。一個打著「公平正義」旗號的證所稅，竟然落得如此下場，不勝唏噓。這種

事情還不止一次，每隔一、二十年，總是要惡搞一次。

回顧歷史，筆者民國七十五年進入股市，開始當起散戶，是全民皆股民的瘋狂時代。台股指數從一千點狂奔一萬點，股民都賺錢，只是賺多賺少的問題。大家都沒有意識到股市漲多會回跌或崩盤，生平第一次遇到的股市大型災難，就是民國七十八年元旦準備復徵「證所稅」。

泡沫的股市遇到政策大轉彎，就被戳破了，民國七十七年九月底，無量跌停連續十九根停板，印象深刻。股民哀鴻遍野，當時的財政部長郭婉容也因此下台。

事隔二十多年，證所稅自民國一○二年元旦準備再次復徵時，民國一○一年財政部長劉憶如直接下台。母女為台股所寫之劇本如出一轍，也算奇蹟。

民國一○二年元旦實施的個人證所稅原採兩階段上路，第一階段民國一○二年到民國一○三年為核實、設算雙軌制，設算課稅起徵門檻為台股指數達八千五百點；第二階段民國一○四年對特定五類投資人全面實施核實課稅，其中包括當年度出售股票金額達10億元以上大戶，就是所謂的「大戶條款」。但因社會反彈，前年立院先修法取消八千五百點天險，民國一○四年再將大戶條款延後三年實施，民國一○四年十一月十七日立院三讀通過確定廢除「證所稅」，民國一○五年元旦生效。

股東可扣抵稅額減半和富人稅的立法

自民國一〇四年起，股東獲配股利總額所含可扣抵稅額減半抵減其綜合所得稅之規定，就是「股東可扣抵稅額減半」，也是將兩稅合一股利扣抵率從100％扣抵降至50％。

立法院於民國一〇三年五月十六日通過所得稅法修正案，自民國一〇四年一月一日起，股東獲配股利總額所含可扣抵稅額抵減其綜合所得稅之規定有重大之修正，其主要內容如下：

1.本國個人股東以獲配股利總額所含可扣抵稅額之「半數」，抵減其綜合所得稅。

2.本國法人股東所配之股利淨額，仍維持現行課稅制度，其轉投資國內營利事業所獲配之可扣抵稅額，仍計入股東可扣抵稅額帳戶，待盈餘分配予個人股東時，再依規定計算個人股東之可扣抵稅額。

3.非居住者股東（個人及營利事業）獲配股利總額所含稅額中，屬加徵10％營所稅部分之可扣抵稅額，僅能以半數抵繳該股利淨額之應扣繳稅額。

4.獨資、合夥組織營利事業辦理結算、決算及清算申報時，應繳納全年應納稅額之半數，並以稅後淨利併課資

本主、合夥人之綜合所得稅。另基於簡政便民考量，針對
四十六萬家小規模之獨資、合夥，仍維持現行課稅制度。

從104年度起，
增加第六級別45%的「富人稅」

級別	級距	稅率	累進稅差
1	0～520,000元	5%	0元
2	520,001～1,170,000元	12%	36,400元
3	1,170,001～2,350,000元	20%	130,000元
4	2,350,001～4,400,000元	30%	365,000元
5	4,400,001～10,000,000元	40%	805,000元
6	10,000,001元以上	45%	1,305,000元

股東可扣抵稅額減半和富人稅的影響

舉一個例子來說明股東可扣抵稅額減半以及富人稅對
高所得人士的影響：

假設在一樣稅前淨利條件，但稅制不同的情況之下，
持股A公司股權100%，公司稅前淨利100元的A先生，
在一〇三年和一〇五年度所要擔負的稅額差異為：

解析：

　　考慮個人綜合所得稅稅率和股東可扣抵稅額，一〇三年度需繳42元（40＋2），但一〇五年度需繳51.423元（49.675＋1.748），高所得人士（或大戶）會棄權棄息，當然不容易有除權息行情。

	103年 個人持股	105年 個人持股
A公司稅前淨利	100	100
營所稅	（17）	（17）
A公司稅後盈餘	83	83
股東股利淨額	83	83
股東股利總額	100	91.5
個人綜合所得稅 （稅率）	（40）【40%】	（41.175）【45%】
股東可扣抵稅額	17	8.5【減半】
個人實納稅額	23	32.675
總稅負	40	49.675
健保補充保費	2 （100×2%）	1.748 （91.5×1.91%）

單位為「元」，吳家揚整理。

　　上述例子說明了：無論個人綜合所得稅稅率高低，股利扣抵稅率減半，將導致個人股東繳稅金額增加。放棄參與配股配息者，就可規避股息收入併入綜合所得。本來在除權息旺季就容易引發棄權息賣壓，現在扣抵率減半，無疑是加重股利的稅賦，這使得台股在七至九月除權息旺季表現將受壓抑。

　　如果不用擔心個人綜合所得稅稅率45％的問題，則不受富人稅影響，但股東可扣抵稅額減半的政策，則會影響到所有股票投資人。

股票除權息需注意個人稅額級距

　　投資股票，以國內目前稅制來看，若一家上市櫃公司賺錢，須先繳17％的營利事業所得稅，是先剝了第一層皮；兩稅合一後，個人股東股利會併入個人綜合所得稅，這是第二層皮；超過20,000元的股利所得又得繳二代健保補充保費，則是第三層皮。未來長照保險費隨健保費一起收，則是第四層皮。政府缺錢，第一個動的腦筋就是隨股票交易徵稅。除非修法，否則固定成本只會越來越高。

　　依照上表試算，考慮「個人綜合所得稅稅率」、「股東可扣抵稅額比率」，和「健保補充保費1.91％」之後，得到的結論就是：

　　稅率20％以上的人，不應該參與股票除權除息。稅率12％的人若要參與除權息，要找可扣抵稅額比率至少32.32％的標的。稅率5％的人若要參與除權息，要找可扣抵稅額比率至少14.85％的標的。當然，如果要賺取長期資本利得者，另當別論。

　　股市交易成本越來越高，投資思維要順應稅制改變，仔細選擇投資標的，才能增加投資報酬率。

6 投資股票 不要忘記自己的權益

上市櫃公司因突發式不法事件,導致股價大幅波動,可循法爭取權益。

上市櫃公司董監事如果沒有善盡應負責任,造成股價波動,使股民遭受損失,股民為利害關係人的角色,可以從民法、公司法、證券交易法、上市上櫃公司治理實務守則、證券投資人及期貨交易人保護法甚至刑法,追究公司或當事人責任,投資人可以循法替自己爭取權益。

董監事高層的責任

公司高層惡搞,之後雖被撤換,但許多投資人會問,這些人難道不用負責任嗎?如果自己權益受損,應當如何自救?

其實,必要時,投資人可以向公司及董監事請求賠償,經營高層必須負的法律責任為:

董事、監察人、總經理、財務長、發言人和其他重要

職員（專案負責人），通稱董監事及經理人。這些人對企業營運負成敗之責。當企業營運不佳、股價下跌時，股東、受雇員工、客戶、同業競爭者、債權人，甚至政府，都可能對公司和董監事及經理人進行求償。

公司及董監事可能遭受賠償請求之法令

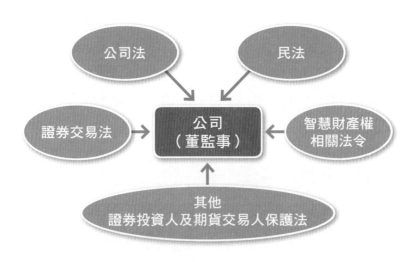

資料來源：董監事及重要職員責任保險簡介——行政院國家發展基金。

投資者維護權益的相關法條

■ 民法：第28條（法人侵權責任）、第184條（獨立侵權行為之責任）、第185條（共同侵權行為責任）、第554條（經理權1～管理行為）。

■ 公司法：第8條（公司負責人）、第23條（負責人應負違反及損害賠償之責）、第214條（少數股東請求對董事訴訟）、第219條（監察人之查核表冊權）、第224條（監察人責任）。

■ 證券交易法：第20-1條（誠實義務及損害賠償責任2）、第32條（公開說明書虛偽或隱匿之責任）、第157條（歸入權）、第157-1條（內線交易行為之規範）。

■ 證券投資人及期貨交易人保護法：第28條（起訴或提付仲裁）、第35條（免繳裁判費）、第36條（免供擔保之假執行）。

另外，刑法第342條規定：「為他人處理事務，意圖為自己或第三人不法之利益，或損害本人之利益，而為違背其任務之行為，致生損害於本人之財產或其他利益者，處五年以下有期徒刑、拘役或併科一千元以下罰金。

「即觸犯背信罪之行為人必須為他人處理事務，有不

公司及董監事可能遭受賠償請求之訟源

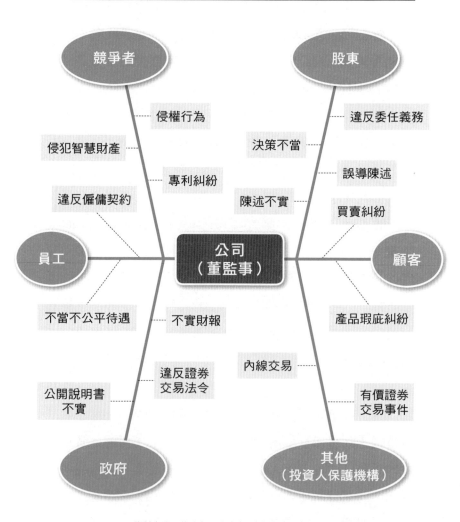

資料來源：董監事及重要職員責任保險簡介——行政院國家發展基金。

法利益之意圖，而違背其任務，發生本人之財產或其他利益之損害之行為，始得構成。」

當一家公司高層表現異常，應該研究他們有沒有背信的問題，必要時也可以提出訴訟，保護自己的權益。

證券及期貨投資人
如何善用法律保障自身權益？

投資人最大的苦惱在於如何用省錢省事的方法彌補損失？

根據「證券投資人及期貨交易人保護法」第28條、35條和36條規定：「保護機構為維護『公益』，於其章程所定目的範圍內，對於造成多數證券投資人或期貨交易人受損害的同一證券、期貨事件，得由『二十人以上』證券投資人或期貨交易人授與『訴訟』或『仲裁』實施權後，以自己之名義，起訴或提付仲裁。」

透過此一規定，投資人保護中心提起訴訟有幾點好處：第一，聲請假扣押、假處分，僅需「釋明」，無須提供擔保；第二，起訴或上訴的裁判費，在金額或價額超過「新台幣3,000萬元」部分，免繳裁判費；第三，僅須釋明「在判決確定前不為執行，恐受難以抵償或難以計算的損害」，即可聲請法院宣告「免供擔保之假執行」。

以群眾力量監督投資公司

　　台灣是犯罪者的天堂，刑責罰則很輕，詐騙集團行遍天下對外輸出，變成另類「台灣之光」。許多可惡的公司和白領高層金融犯罪更是傷害你我股民的權益。

　　根據統計，從二〇〇一年至今，在台灣證券交易所掛牌上市的公司有一百八十一家股票下市。上櫃公司從櫃買中心成立以來，共有三百一十九家公司下櫃，有些轉上市。很多公司因經營不善和財務出現危機變成地雷股，成為投資人心中永遠的痛。

　　有些經營不善的公司，發言人、董事長或總經理不斷在股東會或法說會釋放利多消息，自己卻一直賣股票，公然說謊、陳述不實，套殺散戶和小股東，應該也是被求償的行為。

　　公司高層若經營有問題，發生異常事件，如果造成股價大幅波動而影響股民利益，小股東就應該站出來，串聯「二十位以上投資人和求償金額3,000萬元以上」，讓投資人保護中心幫我們出頭，也讓有犯罪意圖的公司負起該負的責任，讓經濟環境能更健全。

投資市場
「多空」這樣看

**賺錢的秘方，股神巴菲特建議別聽「專家」
胡扯。**

投資市場多空訊息瞬息萬變，漲高怕被套在高點，下跌怕還會有更低點，投資的「多空」看法還真是個學問。要掌握市場的多空趨勢，要先看歷史，鑑往知來。

投資市場是循環的，也充斥各種觀點與消息，進行投資時，不能只是一逕往前衝，還要時時回顧，從中修正與調整。當然，還有從歷史資料中，檢視哪些人的言論可以採信，哪些人的論點禁不起考驗。

政治經濟學

再將視野先拉回台灣，二〇一五年五月二十六日美國前聯儲局主席柏南克訪台，與央行總裁彭淮南與台積電董事長張忠謀對談。美國退休官員的訪外行動，向來不只是個人的私人行程，柏南克與彭總裁談完後，台灣許久未動的利率政策終於在二〇一五年九月二十五日開始第一次降

息，然後連續四季都降息。

接續二〇一六年，柏南克亦與日本首相安倍晉三、日本央行行長黑田東彥、日本財務省、金融廳、日本央行的高官會談，就日本政府如何應對日圓升值等問題交流意見。會談之後不久，日本安倍政府祭出的經濟刺激計畫規模將超過28萬億日圓（約合2650.3億美元）。

柏南克是當今世上對經濟最有影響力的人之一，雖然任內功過褒貶不一，但成功的利用直升機撒錢政策（QE），將美國經濟從停屍間送回急診病房再轉到普通病房。所以聆聽這些指標人物的觀點做投資的參考很重要，千萬不要站在政府和央行的對立面。

英脫歐風暴，危機入市

二〇一六年六月二十四日（黑色星期五）的「英脫歐風暴」脫序演出並實現，造成英鎊重貶11%，英國股市只小跌3%，美國跌不到4%，德法大跌7%，全球股市黑壓壓。重災區反而在日本，日股大跌1,300點，8%，直殺貫破15,000點，日幣升值到98日圓然後回跌收101日圓。

當天台股只收跌200點，守住8,400點。六月二十七日一樣守住8,400點，但台積電等重量級權值股除息70點，還原後是收紅盤。日股反彈350點，陸股也漲。歐

洲股市還在下探，但跌幅收斂，英鎊只貶3％，兩天貶約15％，接近索羅斯預測15％的滿足點。

「英脫歐」使亞股受影響一天，歐美受影響兩天，這個刺激的行情，是危機入市的好時機。

台股十年線約8,000點，8,400點有堅強的防備，英脫歐無法有效跌破8,400點，現在往9,400點穩步邁進。德國回到10,000點、日本回到16,000點、上證回到3,000點。股市行情總是在半信半疑中創新高，充滿希望時破滅。

美股續創歷史新高

進行策略調整之前，我們先看看這一波美股怎麼漲上來的？美國的經濟挑戰沒有少過，但其景氣慢慢復甦，經濟數據都還不錯，只差通膨率尚未達到預期水準，因此美國聯準會對再次升息還有些疑慮。但市場錢太多，「末日博士麥嘉華」在二○一六年三月初發表的言論卻不末日，且連空頭總司令都轉向他認為目前股市正處於「極端超賣」，因此將有一個波段的漲勢。

從歷史紀錄軌跡探究，道瓊月K線顯示二○○七年十月達14,198點的歷史新高，然後次級房貸爆發跌到二○○九年三月6,470點。隨著柏南克QE政策，逐漸將指數往

上拉升到二〇一三年三月的14,585點的歷史新高水位。然後一路往上到二〇一五年五月的一18,351點，再創歷史新高紀錄。

　　若用週K線看，二〇一五年五月十八日達18,351點。但隨著一群黑天鵝出現，股市大幅震盪，二〇一五年八月二十四日打底15,370點，和二〇一六年一月十八日打第二底15,450點後，二〇一六年七月十二日歷史新高

道瓊指數月K線趨勢圖

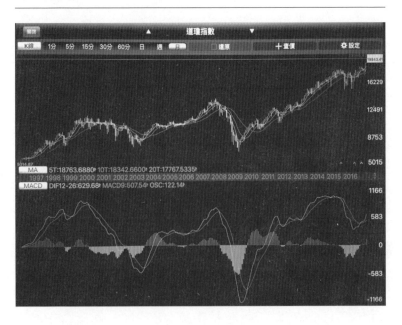

18,371點，完成漂亮的W底後，三天兩頭屢屢創新高到
達19,988點（到二〇一六年十二月二十日止），似乎不管
天下大小事了。

美國道瓊指數如此，S&P500和那斯達克最近也常刷
新歷史紀錄。看樣子，這一波的空頭被消滅後，才會大幅
回檔。

道瓊指數週K線趨勢圖

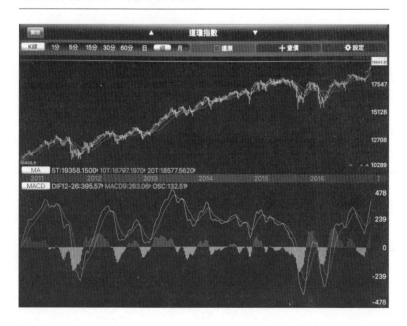

在市場資金充沛情況下，美股道瓊上兩萬點不是那麼遙不可及。至於每次美國總統大選結果，從歷史資料回測，政治面影響都有限。

所以，川普不是黑天鵝，且以「股市救世主」的姿態粉墨登場，日本回到19,000點，德國回到11,000點，美國也屢創新高。

國際級大師怎麼看行情

巴菲特建議投資者：別聽「專家」胡扯。假專家太多，多空都有，顯然假專家們的賺錢能力遠遜於巴菲特。股神認為美股還有大好未來，繼續買進蘋果和IBM這種好股票。

索羅斯警告二○○八年全球金融海嘯可能重演，中國恐成風暴核心。二○一六年第一季不但重回黃金懷抱，而且還加倍放空美股。但第二季索羅斯更加碼做空美股，連黃金也大量減倉。

那麼，我們散戶怎麼辦？

投資市場歷史總是會重演，本質相同，只不過以不同形式出現，但我們常常認不出來。每次總是會有少數「預言家」幾乎「精準預測很近的未來」會發生的事，然後事件真的發生之後，他們成為新一代媒體寵兒而名利雙收。

這些人一段時間之後，預測越來越不準，「最後一戰」帶著客戶站到市場的對立面，然後身敗名裂退出江湖。劇本都是這樣演的，周而復始，但人們樂此不疲，因為總有不怕死的新人加入投資市場任人宰割。

投資要有自己的論述能力和邏輯，不要人云亦云，「多頭市場有人做空賺大錢，同樣的，空頭市場也有人做多賺大錢」。

在市場錢太多的情況下，我個人會採取巴菲特多方操作模式。雖然黑天鵝不時來襲，可能幾天之內會因高頻程式交易重跌20％以上而步入熊市，但因為市場錢太多，相信也會很快反彈。所以就以平常心面對市場波動，萬一被套牢，也不要隨便殺出績優持股，就領股息等解套。

房地產投資篇

8 房地產債務管理

台灣百年的經濟發展思維是在人口持續增長的狀態下推動，但人口紅利將盡，誰來支撐房價。

房價鬆動，蛋白區價格下跌，兩稅合一制已經實施，現在是買房的時機嗎？」我始終認為，思考購屋問題的第一關鍵，不在房價的高或低，而是要先確認對自己而言，「房地產是資產還是負債？」因為對家庭財務而言，天堂與地獄就繫於這一念之間。

資產與負債，看起來是截然不同的兩個財會項目，買進資產可以讓人增加資產，買進負債卻讓人增加負債，這是基本的邏輯。許多人以為資產與負債如同T恤與長褲，一眼就能清楚了然，不可能搞混，因而未細究兩者之間的

差異。因為觀念不清楚，以至於買進自以為是資產的負債，讓自身陷入財務泥淖不得翻身。其中，購屋這件事就常是罪魁禍首。

現金的流量與存量

購屋具有消費財加投資財的雙重性，牽涉到財務、心理需求、個人偏好、意願等，有許多買屋的迷思值得探究。我們從財務面來分析，看房子是資產還是負債呢？

在談這問題之前，需要先簡單認識「現金流量」與「現金存量」的概念：

現金流量與存量的關係其實很簡單，流量如河流是動態概念，存量像湖泊是累積、靜態概念，互為因果，必須調控得當，才能在財務上安居樂業。

每個月有薪水等穩定的現金流入，這就是「現金流量」。現金累積存量後，可以支付房貸、小孩教養費，或投資理財等活動。這些量入為出的計畫性理財規劃都建立在穩定的現金流入。流量越豐富，存量就有機會越富足。

若隨便亂投資，可能導致虧損，就會破壞存量的安全性。即使薪酬的現金流量大且穩定，也禁不起資產管理不當，而造成「現金存量」亮紅燈。

房子是資產還是負債？

　　以「現金流量」的觀點來說，用貸款購買房地產是負債。每個月都要繳房貸，但是隱藏的機會成本與風險總是被隱而不談，還有各種稅賦的支出，更重要的是，喪失投資機會。年輕人購屋排擠投資機會，若人生開始奮鬥的前幾年將買房子的錢用於投資，而不是早早決定買昂貴的不動產，以後日子可能會輕鬆些。

　　華人都有「有土斯有財」的觀念，走到哪裡都炒地、炒房，傳統上認為租屋是住別人的房子，是在幫房東付房貸，自己也沒有歸屬感。但買了房子就是自己的嗎？殘酷的真相是，只要有向銀行貸款，在房貸還沒有繳清之前，房子的所有權是銀行的。

　　如果現在以房貸利率2％，貸款1,000萬元買屋，貸款二十年為例，每年需還款本利和61萬元，二十年的利息共繳223萬元，期滿等於多付22.3％的貸款金額。在付清貸款之前房子是銀行的，如果老老實實地按期繳納，不做任何理財的動作，每個月至少要付5萬元給銀行，等於不能間斷地為銀行打工二十年。

　　以「現金存量」的觀點來說：隨時間而增值，可變現的房地產是資產。驅動台灣房市上漲的力道，是大家相信

房子會保值、增值。房子會增值，當然也會貶值。過去房地產價格長期趨勢向上，但會修正調整。過去長期持有房地產，淨資產是增加的，但這有時空背景：台灣從「第三世界」進入「開發中國家」，最近快來到「已開發國家」，這六十年來的經濟發展證明這事實。

房地產神話的崩解危機

房地產神話未來會面臨崩解危機嗎？台灣房屋自有率已經超過85％，但空屋率逼近20％。試問：大家都有房子了，誰來買房？根據國發會的資料顯示，台灣人口在二〇二三年時，死亡的人數會比出生的人數多，總人口數會開始減少。

在台灣近百年的發展過程中，從未經歷人口減少的年代，我們的產業與經濟發展思維，是在人口持續增長的狀態下進行模擬與推動，但很快地，人口紅利將盡，誰來支撐房價？

在這種情況下，大膽的行動可能是盲勇躁進。日本經濟失落至少二十年，造成房地產泡沫，沒有人會忽視這段歷史。台灣目前經濟狀況不佳，現在房地產價格會不會是相對高點，而步入日本的後塵？

在一九九七年亞洲金融風暴以前，台灣和世界的連動

沒那麼強，因此經濟受傷沒那麼嚴重。現在台灣已經全球
化，無法自外於全球化資本運作，二〇〇〇年網路泡沫、
二〇〇三年的SARS事件、二〇〇八年金融海嘯、二〇〇
九年歐債危機……，使M型化社會越來越明顯，中產階
級消失、落到貧窮的那一端。在這樣的條件下，你還要用
二十年的時間來供房，期待房屋增值？房屋持有率、空屋
率、人口衰退、經濟變化透露出的訊息，購屋前，要深入
再深入地思考。

將負債化為資產

　　若房子有貸款的情況下，單純自住「暫時是負債」。
能產生足夠的「淨現金流」，善用出租和房貸低利貸款套
利，則是資產。出租只要租金收入大於銀行貸款和房子開
銷，使現金流為正，房子就是資產而不是負債。

　　房貸利息甚低，貸出來買高報酬率標的來套利。前提
是有把握賺到錢，否則投資失利，最後連房子都不見了。

　　假設你有值錢的房子去銀行借1,000萬元，二十年，
2%的房貸利率，一年還本利和約61萬。如果可以投入年
化報酬率約8%的股票，一年可多出約19萬元被動收入。

　　同樣的房貸故事，不同做法會產生不同的結果，關鍵
在於現金流的方向。如果現金流量足夠買房自住，將為銀

行打工二十年，賺取將來可能的增值財。

　　如果現金存量足夠買房且不貸款，房地產有合法節省遺產稅的優惠，未來有需要時，還可以低利貸款來投資套利。若房地產是自住為目的，則以生活需求為第一優先考量，所以說房地產是資產還是負債，就看怎麼去使用它而決定。

9 房地產投資報酬率

此刻投資房地產，要能產生正現金流才是王道。

國內房市的買氣與成交量下滑，房價的鬆動讓一些人心動，以國人對房地產的喜愛，留意地產投資的人仍不少，與一路攀升時的高點相比，雖然出現議價空間，但整體房價仍在高水位，從經濟環境條件審視，過去十年地產價格節節攀升、大賺增值財的好時機已過，有意以房地產為投資工具者，需要扭轉養屋增值賺價差的想法，改採租金報酬率為思考主軸，創造現金流為要。

我並不鼓勵年輕人太早買房子，也不認同短期在房地產進出炒房賺價差，但不能否認的，房地產仍是資產配置時需要考慮的一環，是眾多投資標的的選項之一。然而房地產的複雜性與高單價，常使人高估房地產投資報酬率。

投資地產操作不二法門為「地點、地點、地點」，地點是為了創造收益，從投資報酬率回推適當的投資區域，是不可少的動作。

從財務面用最簡單的方式和單利來說明房地產投資報酬率。

以下舉台灣北部與南部兩個八年前購屋，希望趕快賣掉的案例。

案例一：北部貸款置產自住，高額價差不代表報酬率高，隱藏成本侵蝕獲利

陳先生一家人買房自住、節省房租，並打算一段時間之後出售房產。投入800萬元本金（包含貸款5百萬元），年利率2%，期限二十年。

目前陳先生手頭緊，開價1,500萬元賣房，但市況不佳，想以1,400萬元為成交目標。陳先生沒有數字概念，以為房子可以淨賺至少600萬元，年投資報酬率為9.4% 〔（1,400–800）÷800÷8 ＝ 9.4%）〕，真的是這樣嗎？實際的情況，並非如此樂觀。

第一：賣屋要考慮所得稅。假設夫妻目前所得稅率20%，房地比40%，財產交易所得核實認定為240萬元 〔（1,400–800）×40% ＝ 240〕，隔年報所得稅時，跳增為30%。所以房屋八年獲利變為528萬元〔（1,400–800）–240×0.3 ＝ 528〕，年投資報酬率為8.25%（528÷800÷

8 ＝ 8.25％）。

　　第二：買賣屋要考慮其他成本費用。當年買房需付房仲2％仲介費（800×2％ ＝ 16萬元）加契稅（公告6％，算3萬元），賣房需付房仲4％仲介費（1,400×4％ ＝ 56萬元），每年的房屋稅加地價稅算1萬元（共8萬元），土地增值稅算7萬元，成本共90萬元。貸款利息八年支出算38萬元。八年獲利變成400萬元，年投資報酬率為6.25％（400÷800÷8 ＝ 6.25％）。

　　第三：買賣屋還要考慮其他支出。房屋裝潢和維修費用，外加八年來，每個月的管理費，這些項目保守估算80萬元。八年獲利變成320萬元，年投資報酬率為5％（320÷800÷8 ＝ 5％）。如有額外購買家具的錢和其他支出，年投資報酬率恐怕不到4％。

　　案例中這些假設數字已經保守估算稅額和費用支出，目前房價處於高檔區，實際上，這個房屋委託房仲賣了快兩年，1,400萬元一直無法成交，所以成交價只會往下調。如果現在沒有賣出，未來年投資報酬率會進一步下降。

案例二：南部無貸款置產出租，低總價締造高報酬率

有財務數字概念的吳小姐投入220萬元本金（包含非常低的購屋成本，因為屋主缺錢急售；以及所有稅賦、裝修及家具費用）當包租婆，沒有貸款。每個月房租15,000元，每年房屋地價稅約8,000元，每年房租收入算十個月，房子維護費每年1萬元，年投資報酬率為6.0%〔(1.5×10−0.8−1)÷220 = 6.0%〕。

目前房價上漲到300多萬元，房屋所得減去所有維護費用和成本，淨賺至少50萬元，外加八年共106萬元「淨」房租收入，年投資報酬率為8.9%〔(50＋106)÷220÷8 = 8.9%〕。

事實上，因為地點好、出租率非常高，房租淨收入和房屋增值淨賺金額比預期高，且維護費用比預期低，所以實際年投資報酬率大於10%。無論如何，8.9%以上年投資報酬率，都是相當好的投資標的。

進場買房的時機與選擇

這裡舉八年前置產的兩個例子，因為持有成本不同，現金流量方向不同，而造成不同的結果。自住兼投資者和純投資客的置產目的相同。以前：北部著重「增值」，南

部著重「收租」。現在除大台北地區外，投資買房當包租公的年投資報酬率，長期還是會比「定存1.1%」高。

所以有錢的人還是會伺機「錢進房地產」，但會以學區學生或商圈或上班族聚落地點為考量。

以吳小姐為例，若當初成交價為320萬元，且八年後房屋賣掉時「不幸慘賠」64萬元，假設其他條件不變，年投資報酬率為1.6%〔(106−64)÷320÷8 = 1.6%〕，還是比定存高。

如果賣價太差，當然就繼續以收租為主，類似年金概念，賺取年投資報酬率4.1%〔(1.5×10−0.8−1)÷320 = 4.1%〕。

泡沫化的壓力不容輕忽

以前買房可以高獲利，不代表現在也可以。金管會在二○一六年二月引用GlobalPropertyGuide的國外數據指出，台灣房價租金比達六十四倍，居全球之冠，而房價租金比越高，代表房東的房價成本回收期越長，以台灣房價租金比六十四倍來說，意指房子必須出租六十四年才能回收，這當然是一種平均數下計算出來的數據，但此數據也透露出高房價泡沫的危機。

台灣房地產歷經最近十年大多頭，有政策條件配合，

才有如此驚人漲幅，但目前相關條件已經不同。房地產如果自住且長期持有，不考慮財務報酬，就另當別論。如果單純是選擇投資工具，9%以上年投資報酬率的商品不少，只要投資心理素質好和抗壓性夠，投入股票，長期年化報酬率10%是有機會的。投資道瓊指數，過去一百年雖有多次大漲大跌，但年化報酬率高達15%，就是最好的例子。

　　若以投資的觀點來看，短期間買賣房地產還會負擔重稅。現在房價在相對高點，且房屋稅和地價稅也大幅調高，現在投資買屋或出租的年投資報酬率和以前相比，會降低許多。所以，此刻投資房地產宜謹慎，確定找到合適物件才出手，產生正的現金流才是王道。

人身和財產保險篇

10 家庭財務保護傘

買保險不能改變生活，而是防止生活被改變。

台灣平素是個美麗寶島，但颱風、地震等天然災害不時跑來威脅，在這樣的條件下要安居樂業，需仰仗平日建構好防災工程，以保護生命和財產。

對天災要有事前防禦觀念，在家庭財務上同樣需要有防災意識，了解自己曝險程度及財務風險承擔能力，即早防範可能發生的危險。

家庭財務壓力測試規避風險

「壓力測試」是金融穩定性評估的重要工具，可用來測試金融業者的曝險程度及財務風險承擔能力。其使用許

多假設來檢驗金融體系的利率風險、匯率風險、信用風險，甚至流動性風險等。金融體系是相當專業的東西，一般人難以體會，但我們可以運用這個觀念評估自己的財務風險。

每個人都可以做家庭財務壓力測試，可以假設幾個嚴苛的條件，例如失業、死亡、重病、殘廢、失能、癌症、金錢不足、天災造成財產損失等議題，看自己財務能不能過關？壓力測試的模擬必須逼真，盡可能揭露發生後所有可能的問題，然後擬定應對措施。

人性很微妙，人們願意相信千萬分之一的大樂透頭彩好運會降臨到自己身上，卻不認為自己走在路上可能會被車子A到，但是後者的機率比前者大太多。發生在我們周邊的橫逆並不少，這些天災人禍與苦難和我們的財務都有緊密的關係。

天災

二〇〇九年莫拉克颱風造成的八八水災，導致小林村滅亡。二〇一五年八八節中度颱風蘇迪勒也造成全國諸多損失，不要以為這是歷史事件，萬一明天我們變成另一個天災受災戶時，怎麼辦？每年總是會有颱風，上帝用天災提醒我們防颱工程的重要性。我們之所以可以在家裡悠閒

地度過，就是相信防洪工程可以發揮效果，保障我們生命財產的安全。

防洪工程設施包括堤防、防洪牆、堤內排水設施、抽水站，以及防洪預報中心等。防洪工程建造耗時、耗錢，且吃力不討好。除非遇到大洪水，攔住惡水保全我們生命財產安全，否則我們也不會記得它。

但如果沒有平常就建構好防災工程，大災難來臨時，鐵定會侵蝕我們的生命和財產。天災造成我們自己的財損怎麼辦？重建或重置的花費勢必壓縮其他消費。

人禍

現在致癌毒物很多，黑心食品很多，排放廢水廢氣的黑心廠商也不少，環境不友善，罹癌機率增加許多。國人癌症發生速度持續加快，平均每六分三十五秒就有一人罹癌，人數則以大腸癌最多，而女性以乳癌發生率最高。

現在連中秋節吃烤肉，都要當心一大堆致癌物。當疾病降臨到自己身上時，怎麼辦？龐大的醫療費用準備好了嗎？

失業

失業時怎麼辦？這時候可能是生病或失能，也有可能

是專業不足、產業消失,或中高齡被裁員,如果短期間可以回到職場繼續賺錢,或許財務壓力還沒那麼大。萬一回不去了,只能靠吃老本過活,可以撐多久?萬一生重病,不但沒收入還有支出,受得了嗎?財務壓力大嗎?

死亡或需長期照護

萬一負責賺錢的家庭經濟支柱死亡,小孩還小,家人嗷嗷待哺怎麼辦?如果生病或意外造成死不了,而需要長期看護怎麼辦?健保也不給付,龐大照護費用從哪裡來?政府即將開辦的長期照護保險夠用嗎?財務壓力大嗎?

保險的功用是防止生活被改變

買保險不能改變生活,而是防止生活被改變!保險是集眾人的「小錢」,救助需要「大錢」的人,可發揮槓桿效果,安定家庭財務。

保險要預防的大事是「一輩子只會發生一或二次,可能要花費500萬甚至1,000萬的重大風險」。還沒遇到的人,以為小手術住院幾天就出院,花不了多少錢,況且還有全民健保,會讓大家失去戒心。真的遇到了,又後悔當初沒買足額的保障。就算付得起一大筆錢,也很心痛,因為這一大筆錢本來另有規劃。

　　針對人身保障或財產規劃，壽險公司提供年金險、投資型保單、失能險、儲蓄險、重大疾病險、長期看護險（類長看險或殘扶險）、壽險、癌症險、意外險、手術險、住院醫療險、實支實付險等。有些以主約型態出現、有些以附約型態出現。

　　有部分險種可以在產險公司買到。一樣的保障內容，定期險比終身險便宜。一樣的保障內容，主約比附約貴許多，主約如有解約金或可以拿回保費者會更貴。

　　跟產險公司買保險的好處是比較便宜，缺點是不保證續保。另外，產險公司還提供財產保險，像住宅火險、機汽車強制險和第三人責任險、工程險和責任險等。

　　這麼多險種，要一次買齊、買足，不太可能，除非有一大筆錢。比較務實可行的方法是，分批分次陸續購買，建構「財務安全網」，以免造成遺憾。

學習認識自己的需求

　　琳瑯滿目的產壽險商品，要如何組合出最適合自己的商品？方法與原則再簡單不過，就是平常要留意相關訊息，學習相關知識。再更嚴謹的做法，是找到合適的理財規劃顧問來規劃購買適合人生責任與財務條件的保單。

　　當然，這些保險有的非終身保障，自己要衡量，視個

人需求分階段買足保障。萬一需要大額醫療支出或需要長期看護時，才不會耗掉一生辛苦賺來的血汗錢，都付給醫院和醫生。

讓保險幫你到最後

死亡、繳稅和退休，終其一生一定會發生。與其憂慮「失業或錢不夠用」，不如先培養理財能力，賺取被動收入。

如果擔心「病殘失能或財產損失」，就將風險轉嫁給保險公司。當意外與疾病發生時，能拿出1千元、2千元的是同事；能拿出1萬元、2萬元的是親友；能拿出50萬元、100萬元的是家人；能拿出500萬元、1,000萬元的是保險公司。最後能幫忙自已的，還是自己的選擇和做法。

人身保險、財產保險、賺錢能力與儲蓄能力，對家庭財務一樣重要。保險費是必要花費，聰明買保險才能成就家庭財務安全。或許有些人不了解、不認同，也不想花錢買保險，以為天災和苦難不會降臨到自己身上。當有一天不幸忽然來臨，就毀掉一生的積蓄和幸福，不可不慎。

11 理財規劃 重要的一哩路

一個家庭基本所需的保險規劃，需要涵蓋人身與財產才算完整。

台灣人在理財規劃的思維很有意思，常期待能夠做到高報酬、零風險，但不清楚自己的理財內涵。例如在人身保險方面，國人保險覆蓋率高、保障低，許多人以為自己「有買保險」已經有保障，卻不知道自己的保障實質內容，等到真正需要保險金時，才發現不是這麼一回事。對保險的一知半解，甚至誤解，成為家庭理財規劃版圖上相當大的缺口。

從理財規劃經驗為大家重點整理，釐清保險觀念，希望能降低大家曝險而不自知的機會，讓財務規劃不再只是做半套。

善用保險的五大功能

保險的功能越來越多元，將保險的效益發揮到極致，一代、兩代下來，財富水準差距越來越大，避免讓自己的

財務向下沉淪，不能忽視保險的五大功能：

功能一：保障功能

　　保障功能有很高的槓桿在裡面，保單原始功能是以保障為目的，集合健康可投保的人的小錢，在保險公司匯集成大錢後，需要時拿出來照護需要照顧且買保單的人。對個人而言，是現在健康有財務能力的自己，透過保單照顧未來沒能力的自己或家人。

功能二：控制功能

　　壽險保單是要保人的財產，易於控制。透過保單填寫受益人，要保人可以自由控制自己的錢給指定的受益人，通常是子女、特定人士，或特定機構。額外的好處是不需要納入遺產總額計算，且不受遺屬和特留分之影響。

功能三：理財工具

　　保單本來是以壽險商品為中心，附加意外醫療險等為輔助，達到人身保障的目的。現在商品多元化之後，儲蓄功能反而變成台灣民眾的最愛，投資型商品和年金險也有大賣的趨勢，尤其是月配息的高收債更受歡迎。

　　另外，每年五月綜合所得稅報稅中，納稅義務人本

人、配偶、受撫養之直系親屬，保險費每人每年有24,000元的列舉扣除額度，所得稅率越高者，節稅效果越明顯。

功能四：稅務規劃

想要財富和平移轉給下一代，應趁早思考「贈與稅、遺產稅和所得稅」的問題。透過保單是一個好的選項，可合法節省稅金。當然，並非所有保單在任何情況下都免稅，要適當安排「保單險種和保額、要保人和受益人、投資標的、保單購買日期」。

最近幾年保單被課稅的法院判決越來越多，及早做保單規劃，可以盡量免除「保單實質課稅」的困擾。

功能五：累積世代財富

保單增值可累積財富。醫療長看險種理賠金，可以防止生活品質被改變和財富減少。一個有保險觀念的人，會將保費視為必要花費，而這些「未來的」財富，可以做更多的事。

沒有保險觀念的人，會將保費視為浪費，萬一風險降臨時，又會耗掉自己許多資產，甚至連累家人，就是「觀念和選擇」會造成的後果。

三大現象掏取你的荷包

這樣說可能有點烏鴉嘴，但是大家的未來財務可能比自己想像更加脆弱。有三大現象可能讓人掏光荷包，讓人迫切需要動手為自己建築保護牆：

現象一：醫療照護費用成長速度驚人。退休後，還有將近二十年的生活要過，平均人生最後七‧三年需被照顧。醫療照護費用少說400萬起跳，而且以驚人的速度成長。

現象二：保單漲價的速度，遠遠超過預期。十五年前、二十年前買的保單，千萬不要解約，否則損失很大。當預定利率越來越低，相同內容的保單保費越來越貴。

當保險公司認為不划算時，保單就會停售，所以常會有「停售效應」，未來不容易有高CP值的保單出現，除非利率水準回升。

年紀越大，相同內容的保單保費越貴，可能買不下手或買不起。更何況萬一未來身體有狀況，不一定買得到保障，風險將自留。

現象三：雖然有健保，但健保財務堪憂，而且DRGs上線後，自費項目越來越多，自費金額越來越高。雖然政府未來有長照保險，但通常是補助中低收入戶，補助項目

以「物品」和「精神」為主，幫助有限，而且不知何時才會實施，自己還是要準備一大筆錢。

人身與財產的完整保障

一個家庭基本所需的保險規劃，需涵蓋人身與財產才能稱得上完整。

簡單來說，人身保險又可以分：人壽保險、年金保險、傷害保險和健康保險四大部分，財產保險常見的有：汽車強制責任險、火險地震險、意外險、責任險、健康險等。

人身保險的建議

應隨著年紀、經濟條件、家庭責任，逐步建立保險防護網，將人身風險轉嫁給保險公司，用團保、社保、健保和保險，來因應未來所需。

產物保險的建議

在產物保險方面，我認為一定要有汽機車強制險和第三人責任險。至於居家保險應包含「住宅火災和地震基本保險」再加上「居家綜合保險」，從家庭責任保障、財產損害保障、額外費用保險和傷害保障等進行全方位防護。

此外，產險也可以客製化要求保單內容，但保費會提高。

檢視保單的時機

保單不是買了就放著不管，隨著人生階段變化，保險內容應該要隨變化而調整，才能夠真正達到保障的目的。在此提醒大家以下幾個檢視保單的時機：

☐ 每年經常性檢查：保單體檢。

☐ 人生責任改變時：買房時、子女教育經費增加時、大筆支出時。

☐ 變更保單內容時：要保人變更、受益人變更、地址電話電郵、職業、姓名。

☐ 有增加保險需求時：增加項目、增加金額。

☐ 保費繳不出時：減額繳清、保單借款、展期定期、解約。

☐ 有理賠需求時：生病時、住院時，但要注意除外條件。

☐ 理財規劃：退休規劃、遺產規劃、贈與規劃、所得規劃。

保險的功能越來越複雜，利用保單可以做的事情越來越多，要在眾多保險中，找到適合自己的商品，需要多做

功課，多方詢問。有一些簡單但好用的原則可以依循：

自己聽不懂的商品就不要買，業務員推薦的商品，如果他本人也沒買，購買前也要多斟酌考慮。如果是投資型商品，如果業務員自己投資績效慘不忍睹，卻推薦你買投資型商品，購買前更要想清楚，以避免後來的紛爭。

再一次提醒大家，每個人都應該要有風險的觀念。完整財務規劃的重要一哩路，一定要有保險的保護，避免「用時方恨少」的遺憾和困擾。

選擇以最小的成本，達到最大「經濟效果或效能」商品，讓自己過得安全安心，無後顧之憂去累積財富。

12 「儲蓄險」、「年金險」 本質大不相同

了解保單內容，買對了才能符合需求。

現金儲蓄受到許多投資保守型的人喜愛，認為這樣可以保本規避投資風險，但現金儲蓄卻很難抵抗通膨，因此保險公司的「壽險或年金」保單大受歡迎。

根據壽險公會統計，二〇一五年「新契約保費」共1兆1,863億元，創歷史次高紀錄（歷史最高紀錄是在二〇一二年的1兆1,904億元）。二〇一五年「全年壽險業總保費」收入高達2.93兆元，創下歷史新高紀錄。

「儲蓄險」與「年金險」是目前相當受歡迎的保單，事實上兩者有著完全不同的、本質上的差異，適合的對象也不相同，要買到符合自己需求的保單，有必要更進一步了解「儲蓄險」與「年金險」內涵。購買前要視個人的條件斟酌，才能尋得適合自己的產品。

儲蓄險保單的功用

　　強烈建議購買儲蓄險之前，要花些時間弄懂儲蓄險的設計原則，再配合個人的需求，找出最適合自己的產品。下單前要先釐清楚：（1）購買目的？（2）有多少預算？（3）該筆金額動用時機？

　　儲蓄險以長時間儲蓄為主，通常建議可以放二十年以上的閒錢，才放進保險公司。以繳費六年，台幣傳統型保單（預定利率2.25％）為例：六年內解約一定賠錢；滿六年解約，可拿回所繳保費外加少許利息；第十年解約拿回本利，才勉強打敗定存（以利率1.3％計算）。

　　所以保單必須長期持有，以退休規劃目的為主最適合。雖然儲蓄險保單長期持有可保本保息或許勉強抗通膨，但年輕人或資產不夠雄厚者，買儲蓄險前要多盤算。

不同儲蓄險的效果大不同

　　儲蓄險有「還本型」和「增額型」兩大概念。還本型是定期以生存金返還給保戶，是「單利」概念。相對的，增額型不返還生存金，是「複利」的概念。

　　最近三年，保險公司又新推出「利率變動型」保單。市面上有還本型終身壽險、增額型終身壽險、還本利率變

動型終身壽險、增額利率變動型終身壽險等四大類儲蓄
險，又有台幣、人民幣、美元、澳幣和其他外幣計價的保
單。

　　繳費期限分為躉繳、兩年、三年、四年、六年（最普
遍）、十年、十五年到二十年期都有，保單在繳費期滿之
前或在繳費期滿不久解約，通常都會賠錢或不划算。

　　多數人對保險的認知錯得離譜，以為單純買「儲蓄
險」就是買「保障」。法規並沒有「儲蓄險」這種名詞，
正確名稱是「終身壽險」。實際上只是將錢放進保險公
司，經過一段長時間後，提領出比銀行更多的現金而已，
完全無保障功能。

　　不過對軍公教和財務保守的人，或有閒錢想做退休規
劃的人，還是很有吸引力。而且經過長時間，複利效果會
更顯著，除了守住錢，也會增加財富。

利變型保單

　　利變型保單屬於進可攻、退可守的商品，屬於條件相
對好的保單，它的原則不難理解，只要掌握住關鍵要點即
可清楚明白。

　　利變型保單的增值回饋分享金＝（宣告利率－預定利
率）×保單價值準備金。

保單推出的時候預定利率和保單價值準備金已經確定，宣告利率由保險公司官網每月公告。

以台幣利變型保單為例：預定利率2.25％和宣告利率2.6％，當市場處在升息循環，有機會讓保戶有更多收益。但當市場處在降息循環，保單下限就是預定利率2.25％，和傳統型台幣2.25％相同。意思是，最差的情況，利變型的地板等於傳統型的天花板。

年金險的種類

年金險有傳統型（預定利率）、利變型（預定利率和宣告利率）和投資型（變額年金保險）三大類。年金保單可分兩大期間：累積期和給付期。

累積期就是藉著投入本金，透過投資或利息收入累積本利和，累積帳戶餘額。確定進入給付期後，契約條件就不能變更，帳戶餘額一次領或領年金到死亡為止。所謂一次領，就是領光帳戶餘額，保單終止，比較適合自認為是短命者。若是領年金，就是帳戶餘額換算到「平均餘命」，每年固定領錢到身故，比較適合長壽者。

如果壽命大於平均餘命，活越久領越多，領的總金額就會大於平均值，也會大於一次領回的金額（賺錢）。但如果不幸屬於短命者，通常會有個保證領回年限（可能五

年或二十年，依契約而定），而領的總金額就會小於平均值，也會小於一次領回的金額（賠錢）。因為，年金是保障生存者，活著才能領錢，而和壽險本質不同，通常壽險是死亡或全殘才能領錢，當然也可以在生存時部分解約或解約，提領保單保價金。

投資型保單的選擇

投資型保單以險別區分，可概分為「壽險」及「年金險」兩大類，正式名稱是「變額（萬能）壽險」和「變額年金保險」。在商品的功能設計上，前者是以保障為主，後者以儲蓄為主，兩者內涵有極大差異。（本文只談變額年金保險）

變額年金險適合可承受風險的人

年紀輕或本錢不夠多的人，可長期逐漸投入資金進入變額年金保險，透過投資基金，逐步累積帳戶餘額。當然，投資不保證賺錢，要能忍受波動且選對基金，自己也要勤做功課。若對投資沒把握，可和有投資賺錢能力的顧問合作，長期而言，累積本利和的速度會比儲蓄險佳。

如果是「懶人」，會考慮買「類全委」保單，就是將保單帳戶餘額全部交由投信專家代操。投資人希望長期可

投資型保單（範例）

	特性	前置費用（年繳保費）	保險成本	每月維護費用	基金投資和轉換或投資外幣	變更保額	彈性繳費
變額萬能壽險	保障為主	150%（分五年）	依年紀和性別每月收取費用	100元	可	可	定期定額或單筆投入
變額年金保險	儲蓄為主	保費2%～5%	不需保險成本	100元	可	可	定期定額或單筆投入

以賺到錢，但專家的績效如何？則是因人和公司而異。

慎選保險公司和商品

　　台灣保單滲透率幾乎是世界最高，但人身保障卻很低，因為台灣人就是愛「儲蓄險」保單。銀行理專、保險公司業務員、郵局行員、保經保代、券商營業員，大家的主力產品都是儲蓄險，尤其是「配息或還本」型的。

　　這類型保單會有兩大風險：保費收入成長太快，若保險公司投資績效不佳，會有利差損風險；投資性質「類全委」保單若銷售不當，會引發消費糾紛。慎選保險公司和

理財顧問的同時，自己也要做功課。

　　把錢放入銀行體系中，最穩當但造成超額儲蓄率。行政院主計總處（二〇一五年十二月二十一日）完成的預測指出，受油價下跌，消費保守及投資觀望影響，二〇一五年超額儲蓄率高達14.81％，二〇一六年更將升至15.93％，創下民國七十七年以來最高，顯示閒置資金正快速成長，對經濟發展已形成一大隱憂。

　　如果個人不懂投資，將錢放入銀行體系是正確的做法，雖然未來受通膨侵蝕購買力會下降，但總比「80％盲目投機客」賠錢好。

　　儲蓄險與年金險各有適合的族群，各有其優點與限制。商品本身沒有絕對的好與壞，而是適合自己與否，弄清自己的需求最重要。做好資產配置的標的和比重，才能讓資產穩定增加。

13 投資型年金保險可以投資高收益債基金

注意計價幣別，避免賺了價差而讓匯損吃掉獲利。

市場訊息喧囂，高收益債基金為何受到部分的投資人關心，總是迫切想要知道「現在值得買進或繼續持有嗎？」

要投資之前，更重要的是要對高收債有一些基本的認識，了解高收益債基金的參考指標，當有這些基本的認識基礎之後，再來研究提高投資報酬率的方法和工具。

天下沒有白吃的午餐，也沒有不勞而獲的事情，在投資市場，這是顛撲不破的道理，要弄懂投資標的再出手，沒搞清楚之前不要買，以免買到破產公司血本無歸。不懂硬要買，還不如把錢拿去捐給慈善機構，至少還有一張感謝函。

一如所有的投資，債券投資的風險與報酬亦是相對的。一般而言，高收債違約風險最高，報酬率也最高；而政府公債違約風險最低，當然報酬率也最低。債市投資風

險及投資報酬率為：

　　高收益債＞投資等級公司債＞政府公債。

投資債市的基本功

　　要投資債券，馬凱爾（BurtonG・Malkiel）的債券價格五大定理，是投資債券的基礎知識：

　　1.債券價格與殖利率成反向關係。

　　2.到期期間越長，債券價格對殖利率之敏感度越大。

　　3.債券價格對殖利率敏感性之增加程度，隨到期時間的延長而遞減。

　　4.殖利率下跌，使價格上漲的幅度，高於殖利率上揚，使價格下跌的幅度。

　　5.低票面利率債券之殖利率敏感性，高於高票面利率債券。

　　我們不是學者，認不認識馬凱爾先生一點都不重要，但要搞清楚五大定理的正比反比關係，避免做出錯誤決策與市場對作。因為真實市場上的政府公債價格，長期就是依據這些原則運作。

　　高收債基金本質上接近股票而非公債，投資人對於下列幾項應持高敏感度，作為投資高收益債基金的參考指

標：

◆ **到期收益率（Yield to Maturity）**：表示債券投資至到期日為止，投資人「預期」能賺到的收益率，亦稱「殖利率」。也就是投資人付出價格以換得將來一連串利息收入及收回本金，所能賺取的報酬率。

◆ **存續期間（Duration）**：一個債券投資者得以回收所有現金流量的平均期限。主要用來測試債券價格對市場利率變動的敏感度。存續期間越長，債券價格的波動性越大，投資者的風險越高。當預期利率看漲時，存續期間較長的債券，價格下跌的幅度就會大於存續期間較短的債券，所以會「賣長買短」。

◆ **修正後存續期間（Modified Duration）**：衡量當利率微小變動時，債券價格變動的（幅度）百分比。例如：存續期間為四年，升息一碼（0.25％），價格變動最多下降1％，1％可能在一天的價格波動度之內，升息效應「應該很快」就會反應完畢。

◆ **夏普指標（Sharp Ratio）定義為**：每承擔一單位的標準差（風險）之下，投資人可獲得的溢酬（premium）。夏普值越大越好。

◆ **本金除以每單位配息**：配息來源有多少是本金，越低越好。

但高收債對利率敏感度不高,很多人並不了解這個重大差異。公債「短期」對利率的敏感度高,呈現翹翹板現象。利率越高,價格越低。反之,利率越低,價格越高。而公債到期日越長,對利率的敏感度越強。

投資高收債基金考慮要素

衡量高收債基金值得投資與否的因素有許多,包含到期收益率、平均存續期間、信評、本金除以每單位配息、今年的報酬率、過去的投資績效、基金投資標的、投資地區、和計價幣別、經理費、手續費、風險值(標準差和夏普值)等。

選擇標的物時,要考慮波動不要太大的標的,標準差越小越好;夏普值越大越好;平均存續期越短越好;投資等級至少B以上,越高越好;到期收益率越高越好;基金規模不能太小,避免流動性風險;全球布局的基金,而且目前投資在能源礦業的比重盡量降低;美元計價,避免匯率風險,賺了價差而匯損吃掉獲利的狀況。

投資獲利最好的情況是,拿到配息且基金淨值向上,兩邊賺。次之的情況,拿到配息但基金淨值持平,賺一邊。較差的情況是拿到配息但基金淨值向下,加總結果是賠錢。最差的情況是,拿到配息金額持續下降,而且基金

淨值大幅下降，結果大賠。

適當投資方法增加報酬率

從過去的經驗來說，二○一五年所有高收債基金總報酬都是負報酬，月配息領的錢百分之百都是自己口袋的錢，而且還要負擔一大堆基金相關的費用。我們可能拿到月配息5％，但資本利得「損失」7％，所以總報酬率是「負」2％。但是我自己透過適當的方法和平台，也就是用投資型年金保單購買基金，利用低廉的轉換成本提高報酬率，總報酬還可以維持正值。這種方法不敢保證獲利，但打敗大盤平均績效應該做得到。

美國二○一五年底已經啟動升息循環，在「利空出盡」下，債券投資風險胃納漸增，二○一六年上半年的亞高收基金和歐高收基金出現5％～8％正報酬，而第三季起，美高收基金出現5％正報酬，第四季新興債會止跌從負報酬回到0％報酬。

二○一六年底美國再度升息，二○一七年的高收債也會是風光的一年，透過適當的方法和平台以及操作方法，可以創造相對的收益，選擇高收益債基金當資產配置的一部分，會是不錯的選項之一。

14 汽機車駕駛人的風險規劃和提醒

一輩子很長，每年幾千元可以分攤的風險不要自己一個人扛。

有位朋友氣急敗壞來電說：「我有買『機車險』，為什麼和人家擦撞受傷，卻不能理賠？是不是保險公司不想賠？」我請他稍安勿躁，把保單傳給我看。結果是他自己對保單內容一知半解，平日曝險而不自知。

從保單內容來看，朋友說的是「機車強制責任保險駕駛人傷害附加條款」。它的理賠條件是「涉及一部機車的單一交通事故」，也就是說，駕駛人要是自己騎車撞傷才理賠，如果和其他車相撞，則不在理賠範圍。保單條文白紙黑字寫得清楚，但他只記得買機車時，承保的業務員告訴他「都有賠」，而產生誤解。

保險內涵差一字可能理賠範疇差個十萬八千里，擦撞事小，如果涉及到生命安全，不得不謹慎對待。

汽機車保險基本架構

開汽車或騎機車會有哪些風險？簡單分兩大類：碰撞財物損失（損毀自己或他人車輛）和人員傷亡損失（自己或第三人）。保險目的在分散風險，將不確定性的大損失化為一筆確定的小損失（保險費），亦即將不確定集中少數人之大，透過保險之運作，分由多數人來共同承擔財務的分攤制度，達到預防損失、減輕損失和彌補損失目的。

汽機車保險的基本架構可概分為車損保險（車體損失險和竊盜損失險）、責任保險（強制險和第三人責任險和乘客責任險）和傷害保險（駕駛人傷害險）。涵蓋政策性保險（強制責任保險，它的費率每家保險公司都相同）及商業性保險（任意責任險）。

依照我國現行保險制度設計，風災及水災的損失與地震險一樣，均非一般汽車保險或住宅火災保險主保單的承保範圍，擔心颱風洪水造成災害的消費者，必須另行附加「颱風洪水保險」。

以現行國內的汽車保險制度而言，因豪雨、颱風所造成災害，並不在一般車體損失險的保障範圍內，即使買「全險」也不賠。必須在車體損失險外，再加保「颱風、地震、海嘯、冰雹、洪水或因雨積水附加條款（簡稱颱

風洪水保險）」後，才可獲得理賠。而「颱風洪水保險附加條款」所加繳的保險費計算方式，是按照保險金額來計算。

若預算有限，也可考慮較平價的「泡水車補償損失保險」，針對因颱風、海嘯、洪水或因雨積水所致之泡水車內部損壞，以限額的方式提供愛車基本保障，可依自身需求及預算考量善加選擇。

這樣買車險最划算

汽機車保險的購買有許多要訣，值得多留意，以我自己投保的XX產險公司為例，幫大家整理出一些保費金額不高，保障內容不錯的保險以及注意事項：

1.買新車時，保險隨車購買最便宜，比向產險業務員購買便宜許多。原則上，第二年會恢復原價，與通路價格一樣。車主可要求繼續優惠，但保障內容可能會變，要注意條款內容。

2.女性保費比較低，但需要是車主。

3.竊盜和道路救援附加保險：原則上車齡十年以上不得附加。

4.機車第三人責任險的每一意外事故之財損理賠從10萬元（保費135元）增加到500萬元（保費335元），雖提

高490萬理賠額度，保費只增加200元。

5.汽車第三人責任險殘廢責任增額附加條款：每一人殘廢理賠800萬元，保費只要118元。

6.汽車第三人責任險每一意外事故之財損40萬元（保費1,528元）應增加到50萬元（保費1,618元）。

7.汽車第三人責任險每一意外事故之總額2,000萬元（保費1,622元），若增加到6,000萬元（保費1,684元），以增加有限的保費適度提高理賠金額。

酒測值0.25mg／l以上，酒償險不理賠

依據保險設計的精神，汽機車險中只要是「故意」都屬不可保風險，不在理賠範圍，而故意分兩種：有意識故意（直接故意）和無意識故意（間接故意）。

根據強制汽車責任保險法第29條規定，如果造成交通事故的加害人違犯「無照駕駛、酒駕、吸毒、犯罪或故意行為」等五大天條，保險公司將於理賠後依照加害人的責任行使代位求償權。

如果是不預期造成的結果屬於非故意行為，例如：逆向行駛造成對方死亡，非故意，目的只是自己覺得爽或為超車，而非預期撞死人，這樣子不犯刑法，只犯行政法，仍在理賠範疇。

　　國人常會犯的是酒後駕駛，這裡特別要提醒，酒測值0.25mg／1以下，只犯行政法，酒償險會賠。酒測值0.25mg／1以上，酒償險可賠，但會代位求償，因為已經觸犯刑法。酒駕可能傷人傷己又傷荷包，還有刑事責任，最好是「開車不喝酒、喝酒不開車」。

避免被當冤大頭的車禍處理步驟

　　一旦發生車禍，正確的處理步驟可以保護自己的基本權益，基本的四步驟為：

　　1.車禍事故發生，撥打110請警方處理。

　　2.立即將受傷者送至醫院急救（最好是用救護車）。

　　3.立即通知保險公司，自己通知會比業務員代為通知更能精準表達事故過程。

　　4.五日內，以書面向保險公司提出理賠申請，約在保險公司或由當事人直接到保險公司填寫較佳。

保障自身權益的要點事項

　　發生交通事故時，心情會很差，這時更要理性處理。要注意保留現場並立即報警處理。記下對方車號、姓名和聯絡電話。為保障權益，不要私下和解，否則跟保險公司申請理賠時，可能會出問題。盡速到保險公司申請理賠。

在車禍後，保障自身權益的事項如列：
1. 保持車禍現場，立即通知警方處理。
2. 警方繪製之現場圖與筆錄確認無誤後簽名。
3. 提供現場目擊證人的資料。
4. 有爭議時可申請鑑定肇責，釐清責任。
5. 向鄉鎮市調解委員會申請調解。
6. 向管轄法院提出訴訟（六個月內提出）。
7. 取得法院執行名義後，強制執行債權人財產。

善用保險轉移風險

強制汽車責任險採無過失認定，目前有些專家對部分條文有意見，依現行規定，有道德風險但沒被查到，還是要理賠。例如燒炭自殺死亡不賠，但馬路上「自殺」故意被車撞而導到死亡，不留遺書或被查到故意或犯罪行為，強制汽車責任險要賠200萬元。外國人來台灣旅遊被車撞死，強制汽車責任險也會賠200萬元，強制險理賠不分國籍，但要有人申請。

有些財務損失風險可以藉由「強制汽車責任險」和「第三人責任險」移轉給保險公司。沒有人希望意外發生，但風險意識一定要足夠，車禍侵權時的龐大賠償金額讓許多家庭二次嚴重受傷，可能賠上一輩子。

　　提醒開車、騎車的朋友，依據自己的需求，重新檢視
自己的保障內容。一輩子很長，每年幾千元就可以分攤的
風險，不要自己扛，因為我們值得擁有好生活。

15 家庭保單基本配備「住宅火災及地震基本保險」

天災人禍難以預料，家庭保單為財務重生的本金。

台灣天災不少，這些老天爺決定的事有時難以避免，但人禍的部分，如房屋偷工減料或無良建商爭議事件，只能靠多做功課自保。萬一主客觀因素都避免不了，唯一能做的是透過保險，為生命財產多一層保障。

許多人對保險有嚴重錯誤認知，買新車時會買全險，百萬級的車子全險每年7、8萬以上，自己的人身保險費比車險還少，愛車更勝於自己。買屋有房貸時，因應銀行要求，不得已才購買住宅火險。許多人房貸繳完後，就不買住宅火險了認為沒必要，認為商業保險浪費錢，卻是需要用時方恨少。

以財務規劃立場而言，基本的風險觀念不能少，基礎的地震保障不能或缺，大家較為陌生的「住宅火災和地震基本保險」很重要，這些應該列為家庭保單基本配備。

購買這些家庭保單時，要注意保單中的不保事項和注

意事項，理賠時，文件要齊全，以避免爭議。近年來，產物保險「加量不加價」，承保範圍越來越大，理賠金額越來越高，保費卻維持不變。

便宜又大碗的住宅火災及地震基本保險

以我自己投保的XX產險公司的「住宅火災及地震基本保險契約」為例，承保四大範圍：住宅火災保險；住宅第三人責任基本保險；住宅玻璃保險；住宅地震基本保險。再附加一條「擴大承保機車火災事故」條款。

住宅火災保險保額依：產物保險商業同業公會「台灣地區住宅類建築造價參考表」之重置成本金額計算，目前版本為民國九十七年七月一日公布實施。依公式買到「足額保險」，剛剛好就好。買太多保額，稱之為「超額保險」，只是多繳保費，出險時不會多賠。買不夠保額稱之為「不足額保險」，出險時，依比例計算。

以四十六坪新北市二十八樓RC結構住宅為例，算出的足額為542萬，外加裝潢約定比率45％，保費只有1,833元。台北市且高樓層的造價最貴，一般新竹以南低樓層房屋，住宅火險保費便宜許多。

目前金管會規定，住宅地震基本保險金額上限保額為

150萬，保費1,350元。一定要和住宅火險一起購買，綁在住宅火險中一起承保，不能單獨購買地震險。

如果你的房子是豪宅，可以和產險公司客製化訂立契約，買到足額保障。一般來說，如果認為住宅地震基本保險金額150萬不夠，可自行加買「擴大型地震險」附約，加強保障。當然有些區域是高危險群，買不到保險。

住宅地震險自納為政策保險後，立意良好的保險制度在實務上卻遇到困難。主要是地震發生時，房屋必須由專業建築師公會鑑定為不堪居住、補強費用超過重置成本50％以上，才能啟動理賠機制。

全損之評定及鑑定，依據財團法人住宅地震保險基金訂定之「住宅地震基本保險全損評定及鑑定基準」辦理。目前理賠很嚴格，如房屋出現龜裂時，可能連一毛錢都拿不到。地震頻率較高的縣市，不妨另外向產險公司加保「擴大型地震險」，比較容易向保險公司申請到理賠金。

住宅火災保險

◆ 承保範圍：

火災；閃電雷擊；爆炸；航空器及其零配件之墜落；機動車輛碰撞；意外事故所致之煙燻；罷工、暴動、民眾騷擾、惡意破壞行為；竊盜。

◆ **額外費用之賠償：**

一、清除費用：為清除受損保險標的物之殘餘物所生之必要費用。

二、臨時住宿費用：承保之建築物毀損致不適合居住，於修復或重建期間，被保險人必須暫住他處，所支出之合理且必需之臨時住宿費用並附有正式書面憑證者，每一事故之賠償限額每日最高為5,000元，但賠償總額以20萬元為限。

清除費用與保險標的物之賠償金額合計超過保險金額者，賠償責任以保險金額為限。臨時住宿費用與保險標的物之賠償金額合計超過保險金額者，保險公司仍負賠償責任。

外加裝潢約定比率45％，意思是擴大承保建築物之裝潢，有買才有承保。保額為約定比率45％乘上建築物及動產合計保險金額，這裡的動產不包含住宅火災保險自動承保建築物內動產之保險金額。

住宅火災保險還自動承保建築物內動產之保險金額，該動產之保險金額為建築物保險金額之30％，最高以60萬元為限。

住宅火災保險還自動承保建築物內動產因竊取而引起的損失，每一竊盜事故最高賠償10萬元，累計賠償最高

以20萬元為限，自付額5,000元。

住宅第三人責任基本保險

◆ 承保範圍：

因火災、閃電雷擊、爆炸或意外事故所致之煙燻，致第三人遭受體傷、死亡或財物損害。

◆ 約定之保險金額：

一、每一個人體傷責任之保險金額為50萬元。

二、每一個人死亡責任之保險金額為100萬元。

三、每一意外事故體傷及死亡責任之保險金額為500萬元。

四、每一意外事故財物損害責任之保險金額為100萬元。

五、保險期間內之最高賠償金額為2,000萬元。

◆ 定額式自付額：

被保險人對於每一意外事故之賠償金額，須先行負擔第三人體傷部分2,000元，第三人財物損害部分1萬元。

被保險人自行處理民事賠償請求所生之費用及民事訴訟所生之費用，經保險公司同意者，由保險公司償還。被保險人因刑事責任所生之一切費用，由被保險人自行負

擔，保險公司不負償還之責。

住宅玻璃保險

　　住宅玻璃保險是住宅建築物因突發意外事故，導致固定裝置於四周外牆之玻璃窗戶、玻璃帷幕或專有部分或約定專用部分對外出入之玻璃門破裂之損失，負賠償責任。因前項損失所須拆除、重新裝置或為減輕損失所需合理之費用，亦負賠償責任。

　　◆ 給付內容及限額：保險期間內因突發意外事故所致承保之玻璃損失，每一次事故賠償金額以 1 萬元為限，保險期間內累計賠償金額最高以 2 萬元為限。

　　◆ 定額式自付額：被保險人對於每一事故之賠償金額，自付額 1,000 元。保險公司僅就理算後應賠償金額超過自付額部分負賠償責任。

住宅地震基本保險

　　◆ 承保範圍：

　　地震震動；地震引起之火災、爆炸；地震引起之山崩、地層下陷、滑動、開裂、決口；地震引起之海嘯、海潮高漲、洪水。

　　◆ 臨時住宿費用之補償，因危險事故發生所致之承保

損失，除按保險金額給付外，並支付臨時住宿費用予被保險人，每一住宅建築物為20萬元。

　　承保住宅建築物保險金額之約定，係以重置成本為基礎，產險公會「台灣地區住宅類建築造價參考表」之建築物本體造價總額為住宅建築物之重置成本，投保時並依該重置成本為保險金額，重置成本超過150萬元者，其保險金額為150萬元。

擴大承保機車火災事故

　　被保險人所有之機車於主保險契約所載保險標的物（建築物）周圍50公尺範圍內及該保險標的物之地下停車場以及該標的物之社區專屬機車停放區，因火災事故或第三人惡意縱火所致之損失，對被保險人負賠償之責。

　　◆ 理賠之計算：以每年折舊率30％為計算標準，每部機車最高賠償金額為6萬元。

受災戶的急難救助

　　如果受災戶有風險意識，會購買住宅火災和地震基本保險，每年保費應該不到3,000元。若符合理賠條件，可以申請獲得房屋全損理賠金150萬元，以及臨時住宿費20萬元，對重建家園財務壓力減輕不無小補。

　　提醒遭遇天災的受災戶，重建家園之際，注意自己相關的權益。例如，不動產災損部分，依地方稅務局資料核認，車輛報廢部分，依監理單位資料核認，免提供證明文件。其他動產災損部分，民眾得就近向區公所或里長辦公室填報，災損申請期間，比照莫拉克颱風災害延長三個月。

　　另外，依法可申請減免房屋稅及使用牌照稅，受災部分，個人當年綜合所得稅可以當減項。

16 海外旅平險的必要性

海外醫療價格高昂，出國旅行最好還是為
荷包織一層防護網。

每到旅遊旺季，出國人數暴增，海外要玩得安心，旅
遊平安險不可少。台灣全民健保實惠的醫療價格，
走出國門再也難找，在台灣買的個人保險，都以國內的醫
療水平和花費計價，國外的醫療費用甚為驚人，除非購買
的住院和醫療保額夠高，否則不容易應付歐美日等已開發
國家的高醫療住院手術費用，旅平險就是用來加強應付突
發狀況。

曾看到一位網友 PO 文出示帳單，因為胃痛在美國急
診，檢查是胃酸過多無大礙，帳單 2 萬多美金，折算台
幣 64 萬多元，這還是小毛病的開銷，萬一需要手術，在
歐、美、日，百萬醫療費用帳單稀鬆平常，因此，出門前
最好還是替荷包織防護網。

當前台灣常見旅平險三大來源：個人自費投保、信用
卡公司贈送和旅遊業者贈送。國人對旅平險呈現極端態

度，自從銀行推出刷卡贈保險活動之後，許多人以為自己刷卡買票或付團費，「已經」有保險，不知其並沒有意外傷害醫療或突發疾病醫療，曝險而不察覺。另一種人，則是對旅遊業投保與否毫不在乎。真正要做到「保險」兩字，端視金額與保障範圍是否符合自己所需。自費或贈送的各種內容條件差異大，找到適合自己的保障，是旅行前必要的功課。

旅平險的要件

旅行平安保險為傷害險的一種，承保事項與一般傷害險相同。但旅平險與一般傷害險不同之處為：

1.被保險人搭乘之交通工具，因故延遲抵達而非被保險人所能控制者，保單自動延長有效期限至被保險人中止乘客身分為止，但以不超過二十四小時為限，若遭劫機事件，保單自動延長到劫機事件終了。

2.旅平險必須符合三要件：被保險人須為乘客，搭乘之交通工具需領有載客執照、該交通工具延遲抵達而非被保險人所能控制者。

要提醒大家注意的是，旅平險承保期間最長為一百八十天。萬一旅外超過一百八十天，如時下年輕人盛行背包浪跡天涯、歸程不定，或在外長期工作者，適合投

保一次即享有全年保障的海外旅平險（XX人壽TAA），
既不用重複加退保，也不會忘記投保。

海外旅平險內容

海外旅遊平安險完整的內容分別為：

1.意外事故：意外身故、意外殘廢、意外傷害醫療
（門診或住院）。

2.海外突發疾病（門診或住院）。

3.旅遊不便險：飛機延誤、行程取消、行李遺失延誤
等等。

4.海外急難救助。

5.個人責任險。購買時，要注意除外責任和不保事
項，避免理賠爭議。

海外突發疾病是指被保險人需即時在醫療機構治療，
始能避免損害身體健康之疾病，且在投保條款生效前180
日內，未曾接受該疾病治療者。既往症「可能」不在理賠
範圍，要特別注意，投保前要詢問清楚。

我家出國旅遊習慣投保「XX人壽call-in卡」旅行平
安保險，辦這張卡要用信用卡付款，一個工作天可以辦
好，要保人是誰，就用誰的信用卡付款，其他人當家屬。

平常不會產生任何費用，最好是從家裡出發前一小時（保險期間生效前一小時）打電話投保，即刻生效，才會用信用卡扣錢。投保天數國內旅遊最高三十天（不含大陸地區），國外旅遊最高一百八十天。一人投保就享受與旅行社相同的收費標準，號稱業界CP值超高的旅平險。

這張保險只保人（意外事故、突發疾病和海外急難救助），不保物和事件（不便險），也不保個人責任險。海外醫療理賠申請需要診斷書和醫療收據，call-in卡可用副本收據理賠。各家保單理賠範圍和是否可用副本收據，應該先搞清楚。

未成年子女的規定不同

暑假期間，有些家長會讓未成年子女出國，未成年子女的規範與大人不同。舉例：我的小孩投保日是滿15歲生日前一日，暑假單飛前往美國，未滿15足歲的保額上限：意外殘廢200萬（沒有意外死亡理賠）、意外門診60萬、海外突發疾病60萬（海外特定地區醫療加倍給付，各國倍數不同，美國為3.5倍，本例上限為210萬）。

若生日當天滿15足歲投保，意外保額上限為變為600萬（包含意外死亡和意外殘廢）、意外門診依然是60萬、海外突發疾病也是60萬。

20歲到65歲是正常投保，意外險金額上限2,000萬，可附加醫療險上限200萬（醫療最高是意外的10％）。在這個年紀區間以外，投保金額都會下降。以上理賠如獲得全民健保給付部分，保險公司將不給付保險金。

信用卡附贈的
「公共運輸工具旅行平安保險」和「不便險」

以白金信用卡簽付全額之公共運輸工具（不含包機）費用，或參加旅行團時，以信用卡刷卡付旅遊總團費之80％以上，於下述期間且於保險期間內，發生事故且於保險期間內提出申請，通常享有新台幣最高2,000萬元的公共運輸工具旅行平安保險。無論持卡人是否享有任何其他保險，皆可受到此項保險之保障。

簡言之：刷卡買機票送的旅平險，僅保障搭乘大眾運輸工具的「期間」（通常是搭機時和前後5小時）發生的意外，但旅遊期間發生的意外傷害醫療或突發疾病，就無法獲得保障。

信用卡送的最多只有三種：公共運輸工具旅行平安保險、海外旅遊全程意外險和旅遊不便險。出國最重要的「海外突發疾病保險」，信用卡沒有送。每張信用卡贈送的保險內容不盡相同，購買機票或支付團費前要詢問清

楚。

旅行社也會送保險？

提醒大家，旅行社的責任險，不等於個人意外險。

根據旅行業管理規則，旅行業必須投保責任保險和履約保險才能出團。

「旅行業責任保險」是指旅行社在出團期間，因為發生意外事故，導致旅遊團員身體受有傷害，依法應負賠償責任，而由保險公司負責賠償保險金給團員或其法定繼承人的一種責任保險。

「旅行業履約責任保險」則是指旅行社因財務問題無法履行原簽訂的旅遊契約，導致旅遊團員已支付的團費遭受損失，由保險公司賠償旅遊團費損失的一種履約保證保險。

保險事故發生時，如何申請理賠？旅行業責任保險：可透過旅行社協助團員或死亡團員家屬受益人，向保險公司申請理賠。申請「旅行業履約責任保險」，團員應立即向觀光局報案，通常觀光局會指派中華民國旅行業品質保障協會處理理賠事宜，於公告期間（通常為一個月）接受團員報案登記繳交理賠文件，再統一向保險公司申請理賠。所需文件包括理賠申請書、旅遊契約、支付團費時要

保人所簽發的代收轉付收據、付款憑證或單據正本、保險公司要求的其他文件。

旅行業管理規則第53條規定，旅行業舉辦團體旅遊、個別旅客旅遊及辦理接待國外、香港、澳門或大陸地區觀光團體旅客旅遊業務時，應投保責任保險，其投保最低金額及範圍至少如下：

（1）每一旅客意外死亡新台幣200萬元。

（2）每一旅客因意外事故所致體傷之醫療費用新台幣3萬元。

（3）旅客家屬前往海外或來中華民國處理善後所必需支出之費用新台幣10萬元；國內旅遊善後處理費用新台幣5萬元。

（4）每一旅客證件遺失之損害賠償費用新台幣2,000元。旅行業辦理旅客出國及國內旅遊業務，應投保履約保證保險。

如果是透過旅行社買機票自由行，有些旅行社會幫旅客投保，但只保障飛航期間意外身故200萬元。若參加旅行團，依規定幫旅客投保意外醫療險（實支實付），旅遊期間均有保障，每人履約責任險含3萬意外醫療，意外而身故或全殘，有200萬元或300萬元，各家旅行社所投保額度不一。

　　選擇旅行社前，應該問清楚保障範圍和保障額度，有的甚至違法完全沒有保險，各家差異甚大。

申根旅遊注意事項

　　早先旅遊醫療險是國人入境申根地區的必備條件之一，目前則無此項規定。外交部官網上說明，「旅遊醫療險雖不是以免簽證入境申根區之必要條件，惟因歐洲各國就醫費用相對昂貴，以致於海外遭逢急難須支付高額之醫療費用，造成本人及家屬極大財務之負擔。建議國人於出國前，仍購買足額旅行平安險（包含附加海外緊急醫療、住院醫療、各種急難救助及國際SOS救援服務等），同時請先了解並檢視自己現有的保險，是否包括在國外財物被竊或遺失獲得適當理賠，及是否可給付出國旅行期間之所有醫藥費用（包括住院醫療及醫療救援轉送回國治療）。」

　　不過，因為申根國家家數多，較嚴格的海關官員會要求入境旅客出示保險證明。產險公司也會提醒，「有些國家可能會要求投保旅平醫療險，只是不限金額」，申請申根旅遊最好隨身攜帶英文投保證明，備而不用。

風險意識隨行，快樂出遊，平安回家

　　信用卡和旅行社送的保險很「陽春」，通常只有保障「飛行期間」意外死亡，發生理賠的機率微乎其微。信用卡送的不便險很實用，對一般人也夠了。如果你是VIP，對行程或行李不能承擔任何風險，就需另外加購保障。

　　建議大家，整理旅行行李時，不要忘記將旅平險內容也做一番整理，盤點贈送的保險內容，不足的部分用自費購買補足，快樂旅行，平安回家。

其他投資篇

17 綠能投資術

小額投資人要靠「種電」賺錢,最好是以閒置資金投入。

「讓屋頂變成印鈔機」、「種電種菜雙頭賺」,一股太陽能發電熱潮在陽光普照的台灣南部悄悄蔓延,而農田加設太陽能發電設備是綠能還是戕害土地生態,正反兩極的觀點交會激盪著,但是坊間已悄然流傳,「聽說種電很好賺?」從投資的角度來看,「種電」是門好生意嗎?

關於能源政策,行政院會二〇一五年七月通過經濟部擬具的「電業法」修正草案,對發電業及售電業政策方向朝向引進市場競爭機制,發電業及售電業均可自由申設,未來逐步開放用戶可自由選擇購電對象,政府亦不管制其售電價格。此一政策,被視為是新型能源的利多,有利於

相關產業。

　　關於能源的政策，產、官、學的願景從來沒少過，不乏各式行動計畫，我曾經參加一場能源論壇，與會者大談節能省碳、電價合理化、多種綠樹、LED燈取代一般日光燈、晚上人煙稀少或冷門跨縣市的光雕橋樑，可減少照明時間或頻率、室內冷氣調高一度、政策補助、節能設備研發、屋頂改裝太陽能面板等。

　　令人印象深刻的是，室外高溫炎熱，但許多西裝筆挺的「大人們」，在冷氣房裡大談每調高一度冷氣能省下多少能源。我心想：「把外套脫掉，不就直接省下好幾度的電力。」

違章鐵皮屋頂變身發財工具

　　為了讓民眾了解投資能源產業的機會，高雄市的官方代表就在能源論壇上直言：「鐵皮屋是為了降低室溫，但高雄目前多是違章建築，也破壞景觀。政府要輔導民眾將『違法』的鐵皮屋，改為『合法』的太陽能面板。高雄厝2.0的推行，將配合市府百座世運光電計畫目標，要在四年達成一百五十個世運光電量的設置。希望透過屋頂的政策解放，善加利用高雄的強烈日照發展再生能源，並美化城市景觀，逐漸取代違建鐵皮屋及水泥屋頂的紊亂景

象。」

　　鐵皮屋原本是為了降溫，現在屋頂上裝上太陽能面板，變太陽能「電廠」。南台灣日照充足，一年兩千多小時，氣候炎熱，很適合太陽能發電。若在屋頂裝設太陽能發電設備，未來二十年內，每個月都可以收到一筆發電收入，且在屋頂鋪設太陽能板，還可降低室內溫度三度到五度，省下更多為降低室溫而生的水電費支出。

　　近年太陽能電廠建造成本降低，加上環保意識抬頭，永續乾淨的再生能源受到期待，通過法令保障再生能源電價躉購制度等，使電廠投資人能夠確保穩定售電收入。

投資太陽能發電的效益估算

　　太陽能電廠也是一種固定收益的另類投資法，要如何進行這樣投資呢？首先，向當地方政府、台電，還有經濟部能源局申請執照，完成設備生產電力之後，賣電給台電。太陽能面板的製造過程非常耗能，但商品卻可以節能。我們從投資面而不考慮其他觀點，舉一個「台南鴨寮哥」的親身經驗，看看「民營電廠」到底好不好賺。

範例

台電保證收購二十年，現在每度5～6元。投資客鴨寮哥向養鴨農民租鐵皮屋頂並簽訂二十年長期契約，投入太陽能面板設備，一切合法。

租金行情價約為發電量收入的7％～10％，約八～九年可以回收成本。二十年期間，會有設備維修費用或面板需要更新問題。經過我的提醒，高薪的鴨寮哥忽略一個稅的問題，營收的6％需要自行申報所得稅，稅率30％。

簡單估算投資效益，假設鴨寮哥一開始投資300萬元，租金為發電量收入的7％，八年可以回收成本。從損益點來反推，不含利息只算單利，每年電廠「淨收入」應該要有37.5萬元（300÷8＝37.5），每年「營收」要有40.8萬元（37.5×（1＋0.07＋0.06×0.3）＝40.8）。

那保證收購二十年期間的年投資報酬率呢？假設二十年期間設備共投資360萬（外加20％維護費用），總營收816萬元（40.8×20＝816）。租金7％，二十年總租金為57.1萬元（816×0.07＝57.1）。需納稅金額二十年共

14.7萬元（816×0.06×0.3 = 14.7）。淨收入為384.2萬元（816-360-57.1-14.7 = 384.2），年投資報酬率為5.3%（384.2÷360÷20 = 5.3%）。如果是自己的房地產不用租金，淨收入為441.3萬元（816-360-14.7 = 441.3），年投資報酬率變為6.1%（441.3÷360÷20 = 6.1%）。

理論上，如果借錢投資，依照現在房屋貸款利率，應該還是有利可圖，但要注意二十年本利攤還的還款能力。

變動的損益

面板發電效率會逐年降低，而且這是一個靠天吃飯的電廠。所以小額投資人，現在才投入，年投資報酬率「7%」應該是到頂了。如果像蛋塔一樣，一窩蜂搶進，台電的收購價應該會進一步下降，年投資報酬率也會進一步下降。

二十年後呢？很難說，無法計算。如果設備可以繼續生財，年投資報酬率會增加一些。台電收購行情可能會貼近市價或甚至不收購，如不收購就變成自己發電自己用。

如果大戶投資上億資金，可以和設備廠商議價，降低設備成本，投資報酬率會比一般投資人更高。如果在更早期投入，每度收購價錢還在10元以上，透過銀行專案融資，搭配優良的管理電廠和專業經營，年投資報酬率甚至

可獲得高達10%以上。

因此到目前為止，即使太陽能電廠年投資報酬率只有5%左右，還是相當受到投資人的青睞。

太陽能發電可以穩賺二十年保障收益，除非天災人禍造成設備嚴重損害無法發電，否則年投資報酬率應該有4%以上，對有一筆閒錢的保守型投資人很有吸引力。這時候可以賺錢，也可以順便大聲說「愛地球」。

一切都要合法才有保障

能源局運作的「陽光屋頂百萬座計畫」，已引發一波新能源投資潮。太陽能的蓬勃發展，甚至在日照充足的南台灣創造了一個「農電共生」新經濟。但是農地裝置發電設備，是否摧毀台灣有限的良田，有意投入種電行列者，務必注意相關法令問題。所以在投資前，必須再三確定是合法經營，才不會被當違建拆除而血本無歸。

同時，要搞清楚設備購置和維修成本，台電收購價格和所有費用，確定風險與投資報酬成合理比例，有閒置資金再投入，才能當個快樂投資人。

18 黃金投資 到底能不能進場？

近來國人黃金存摺開戶數大量增加，即使黃金價格已經不便宜，民眾的需求依然有增無減。買黃金如果有投資目的，須注意哪些事情？

黃金不只是黃金，它有「準貨幣」之稱，之前的金本位制度，國家發行紙鈔的額度，必須與持有多少黃金之間存在固定的關係。簡單來說就是發行紙鈔，必須以黃金為擔保品。

國際黃金價格於一九七一年以前，是以美國官方固定價格於全球交易，但因為世界政經局勢的演變，一九七一年起，美國放棄金本位主義，成為最後放棄金本位制度的國家，全球正式進入信用貨幣的時代。之後，黃金受市場機制而大幅波動。

此外，特別提款權（SDR，special drawing right）是國際貨幣基金組織（IMF，International Monetary Fund）創設的一種儲備資產和記帳單位，分配給會員的一種使用

資金的權利。

　　目前一籃子貨幣乃由美元、歐元、英鎊、日圓及人民幣等五大國際流通貨幣組成，權重以美元最大。會員在發生國際收支逆差時，可用SDR向IMF指定的其他會員國換取外匯，還可與黃金、自由兌換貨幣一樣充當國際儲備。

　　能毫無忌憚印鈔票的國家，一定是國際流通的貨幣。美國從二〇〇八年金融海嘯後，拚命印鈔票，其他SDR會員國也不遑多讓。全世界錢太多，錢不值錢，造就黃金的全盛時期，達到二〇一一年九月五日的歷史高點每盎司1,920美元。

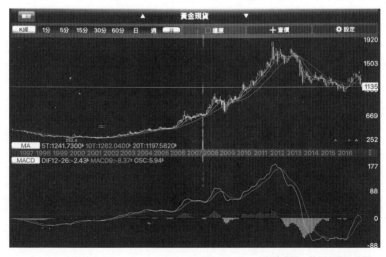

資料來源：黃金現貨月線圖。

　　每個國家都會有金庫來保存黃金，台灣的存放地點在新北市新店烏來的「中央銀行文園金庫」。如果政府拚命印鈔票，卻沒有相對的黃金存量，只會引發惡性通膨，最後拖垮國家財政。

黃金到底是「多頭」還是「空頭」？

　　對於價格已經觸及過歷史高點又往下跌的黃金，到底長期值不值得投資？多空兩派意見分歧。

　　看好黃金者，主張全球長期低利且大印鈔票下，早晚會引發惡性通膨，既然錢都不值錢了，黃金可以保值和增值，值得擁有。看壞黃金者認為，黃金既不能孳息，也無廣泛流通功能，除了科技業工業用途為主之外，需求量也不大，黃金可能有民族文化藝術價值，但那是藝術價值而非黃金本身，因此黃金不是好的投資工具，並不值得擁有。

　　黃金需求來源主要是工業、飾金和投資等三大需求。二○○八年金融海嘯前後，是需求比分界點。金融海嘯前以飾金為主的市場約占70％，金融海嘯後以投資為大宗約占50％，且各國央行開始大量囤積黃金，以德國、中國和俄羅斯最積極。

　　黃金人見人愛，但每個人願意花多少錢擁有它，則是

因人而異。

多空論戰不休，由市場或個人主觀決定。我的MBA
教授從大陸來台，家裡就放一些金塊金條，他認為逃難時
黃金很重要，可賄賂官員或買機票船票逃離現場。這個不
安全感，讓他低價一直買進實體黃金條塊且長期持有，反
而賺翻了。我個人認為黃金沒什價值，所以當金價「不小
心」漲到1500美元時，幾乎全賣光。

黃金價值投資術

黃金在經濟復甦初期，因為金融環境穩定，股票好
賺，黃金避險功能不受青睞，金價通常會下跌。當經濟步
入高峰，通膨增溫，股市風險意識抬頭，金融環境可能
遭動盪或景氣衰退，黃金才會再受到矚目，金價通常會上
漲。黃金具備商品和貨幣的雙重特性，也會受到商品原物
料的景氣循環影響，當然政治經濟局勢影響更大。

美元指數是衡量美元在國際外匯市場匯率變化的一項
綜合指標，由美元對六個主要國際貨幣（歐元、日圓、英
鎊、加拿大元、瑞典克朗和瑞士法郎）的匯率，經過加權
幾何平均數計算獲得，綜合反映美元在國際外匯市場的匯
率情況的指標。黃金與美元有相互替代的關係，兩者走勢
呈現某種程度的負相關。

金價受到美元的影響程度相當大，而美國總經的體質也會影響美元的強弱。當美元強勢時，黃金就變弱勢。一般而言，黃金的旺季大約在六月到九月底。根據統計，在旺季投資黃金的勝率會比淡季高。

黃金期貨 ETF 和反向型，可多空操作

黃金投資亦可以用黃金期貨EFT來操作。黃金期貨EFT陸續會在台灣證券交易所掛牌交易，讓投資人有更多的選擇，可以多空操作。詳情可參考：台灣證券交易所>ETF資訊>期貨ETF。

常用的黃金投資工具和相關稅賦

盡管近來金價起起伏伏，黃金還是吸引不少人投資。目前投資黃金主要有四種管道：黃金現貨、黃金存摺、黃金基金、黃金期貨。黃金相關商品越來越多元，販售通路也越來越廣泛，可個別詢問和自己熟悉的金融機構。例如台銀可買賣黃金條塊但不能買賣金飾，一銀和富邦銀可以從黃金存摺中提出黃金條塊但不會買回，交易前權益應該搞清楚。

除此之外，可以查到交易成本者例如銀行通路，會列入「財產交易所得」。不能查到成本者例如銀樓通路，會

列入「營利所得」。在不同通路間小額買賣，可能就有合法節稅的空間。

實體黃金（金飾、條塊）

主要通路為銀樓。若將來獲利出售實體黃金時，投資人若無法舉出當時買進價格單據時，由銀樓業者填報個人一時貿易申報書交所得人，須以成交金額的6%列為「個人一時貿易所得」。

每人每年有銷售金額7萬的免稅額，超過7萬的部分，會以賣價6%計算個人營利所得併入個人綜合所得稅申報。若能舉出相關買賣價格證明，則可核實申報。

黃金存摺（撲滿、條塊）

主要通路為銀行。（1）投資損益以出售價格減除取得成本，如有所得，屬於財產交易所得，應併入個人綜合所得稅申報。（2）成本可用個別認定法、平均成本法、先進先出法、加權平均法、移動平均法等。一開始可到國稅局請服務人員幫忙，試算出對自己最有利的成本計算方式，一旦選定後，以後都不能變更申報方式。

黃金基金

主要通路為投信公司。國內發行的基金屬於證券交易所得，目前價差免稅因為證所稅停徵。

黃金期貨／黃金選擇權／黃金期貨ETF

主要通路為期貨交易所或證券交易所。國內部分因期貨交易所得和證券交易所得停徵，僅課徵期貨交易稅。黃金期貨ETF與股票交易方式同，比普通股票交易稅0.3％便宜許多，而期貨交易稅遠低於證券交易稅。

種類	期貨交易稅率
台幣黃金期貨（TGF）和黃金期貨（GDF）	0.00025%
黃金選擇權（TGO）	0.1%
黃金期貨ETF	0.1%

針對稅賦方面，如果透過海外交易產生的所得，應計入海外所得。海外財產交易所得如超過100萬元，須併入個人基本所得額計算。若產生損失時，額度只能在當年度海外財產交易所得扣抵。

若國內交易產生的所得，不同通路或商品會有不同的

規範，要依法申報所得。若國內交易產生損失時，可以列舉財產損失。但如果當年度沒有財產交易所得可以扣除、或扣除後還有餘額，未來三年內也可拿來申報扣抵。

注意風險和投資組合比重

黃金供需與投資相關訊息，是判斷金價走勢的關鍵。金價控制在少數美國期貨和選擇權玩家手中，非一般人或投資機構所能輕易判斷。雖然黃金有抗通膨、避險和保值等功能，如果要納入自己的投資組合中，仍要注意風險，比率也不應該太高（最多10％）。

步驟 4

一家子美滿的
退休規劃

該如何讓自己未來
不會成為家庭的負擔，
又能悠遊於幸福的生活？
面對勞退制度不斷的更動，
到底該如何安排年老後的生活所需？
從收入、支出到保險，
作者將按步就班
為你解答理想的退休規劃。

1 正向迎戰 退休淪貧威脅

避開理財NG行為，按步規劃退休財務，生活品質不會因收入而劣化。

根據衛福部統計，全國約有七十萬人被列為中低或低收入戶，不要以為這議題和自己離得很遠，台灣人口老化速度全球數一數二，生育率全球倒數數一數二，貧窮惡化日趨嚴重。

日本社會學家藤田孝典作《下流老人：總計一億人老後崩壞的衝擊》分析日本年輕人即使現在是月薪台幣5萬元以上的中產階級，二、三十年後也可能又窮、又老、又孤獨，淪為過著「中下階層」生活的高齡者。台灣經濟環境條件比日本更加嚴峻，我們千萬不要將未來規劃置之不理。

老後淪「下流生活」的五大威脅

社會趨勢至少有五大威脅影響未來老後生活，這些看似獨立的問題，其實彼此之間環環相扣，只要五大威脅其

中之一沒有處理好，老後生活就難樂觀。

這些威脅分別為：

威脅一：95％勞工領不到舊制退休金，新制退休金又不夠用

根據統計台灣中小企業平均壽命只有十三年，十三年差不多是從結婚到孩子國中畢業的時間，在我們最需求要用錢的時候，固定薪資不穩定，而且絕大多數勞工撐不到可以領退休金，公司就倒閉關門了。

威脅二：醫療照護費用成長速度驚人

人口老化，壽命延長，平均人生最後七・三年需要別人照護。若非健保補充保費挹注，健保破產指日可待，DRGs也讓自費項目和金額變多。沒有足夠醫療保障和夠有錢的人，未來沒有生重病的本錢。

威脅三：缺乏家庭支持系統資源

七成老人需要依賴他人過活，自己退休金準備不足，仰賴子女供養和政府救濟金。現在45歲到55歲這一代，兄弟姊妹可能還有五人以上，這一代父執輩們生病倒下時，不論是精神上或財務上，至少還有三到五人可以分擔

家計。但這一代子女人數平均兩人不到，甚至許多人未婚或沒有子女，一旦生病倒下，自己或子女的財務和精神的負擔更是加重。

　　台灣在民國一一五年以後將成為「超高齡」國家，而且年紀逐年增加。從民國九十年以後出生率不到一點五人，現在應該不到1％，成為全世界生育率最低的國家。民國一一〇年以後，人口開始負成長。人口扶養比急速上升，養兒防老難。

總生育率假設

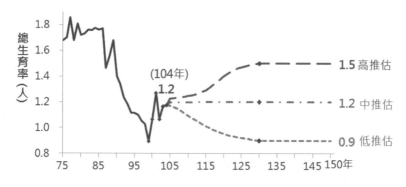

資料來源：中華民國人口推計（103至150年）國家發展委員會，105年。

扶養比變動趨勢——中推估

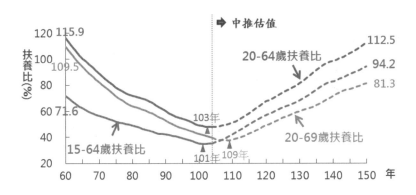

資料來源：中華民國人口推計（103至150年）國家發展委員會，105年。

高齡化時程——中推估

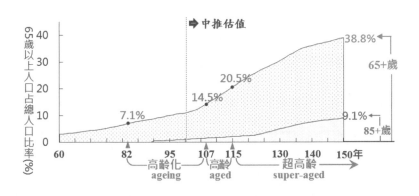

資料來源：中華民國人口推計（103至150年）國家發展委員會，105年。

威脅四：餘命增加，老人人口大增，年輕人人數大減，政府財務難以負擔

　　台灣社會最大的挑戰在於人口結構改變，民國一二二年將超越日本成為世界最老的國家，政府財務不足以負擔老年社會福利制度，許多社會保險很快會出現財務缺口。以目前台灣的所有財政和社會福利制度，除非大幅度改革，不然無一例外將面臨破產命運。年輕人低薪且負擔極大，未來社會福利稅金也會少領很多。

總人口成長趨勢：高、中及低推計

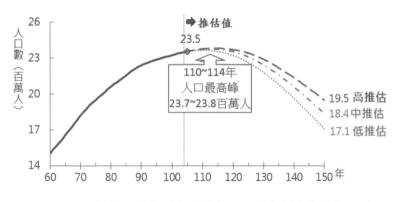

資料來源：中華民國人口推計（103至150年）國家發展委員會，105年。

三階段人口年齡結構變動趨勢

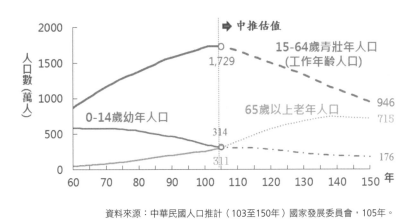

資料來源：中華民國人口推計（103至150年）國家發展委員會，105年。

威脅五：退太早和活太久的風險

台灣人的平均退休年紀幾乎是世界上最年輕的，尤其是軍公教人員。提早享受退休生活，是每個人所追求的人生目標。如果算得剛剛好，但政府財政不足以應付，顯然退休後生活品質堪憂。退休前，個人存糧不夠、積蓄不夠，不小心又活太久時，花費金額會遠大於儲蓄金和退休金。

萬一又生重病活不好且活很久，錢不夠且保險也不足時，更是雪上加霜。如果沒有一大桶金，顯然需要把自己想像中的退休年紀往後延，最好延到法定退休年紀。

零歲平均餘命假設

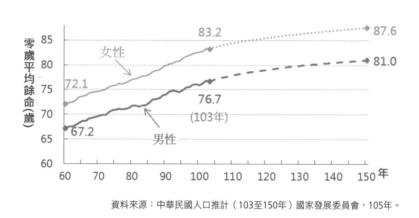

資料來源：中華民國人口推計（103至150年）國家發展委員會，105年。

退休金規劃按步來

　　從前述五大威脅裡，我們知道退休規劃很難完全依賴政府，如果只想穩穩上班領薪水，不進行規劃與行動，在現今的社會結構下，未來生活堪虞。

　　簡易而言，退休金規劃分為四大步驟：

　　步驟一：估計退休後生活資金總需求。

　　步驟二：計算已經擁有的退休金準備。

　　步驟三：算出還需要提撥的退休準備金。

　　步驟四：填補退休金缺口。

因此，還是靠自己最好，及早規劃適用個人專屬的退休商品、年金保險和長期看護險比較實在。

退休理財的地雷NG行為

基本上，退休金計算有「時間、本金、報酬率」三大關鍵，這三大關鍵不同的內涵條件組合及工具選擇，形成「時間、複利、投資行為、投資組合」等影響退休金理財結果四大要素。想降低風險，要守住「穩健規劃、定期審視、長期執行」原則。

具體而言，要先避開一些退休理財NG行為，例如低估退休後可活的歲數、低估退休後的通膨和花費、理財起步太晚、理財方式過於保守、干擾太多無法專款專用、投入風險性過高的商品，藉此有效降低風險。

預約老後幸福

開啟四大帳戶，為將來儲老本，許一個美麗晚年。

我們都希望退休後可以享有優質的生活，但隨著社會條件的變化，退休後的問題充滿了變數，在這樣的氛圍下，退休年齡還沒到心裡懸著七上八下不踏實，深怕一上年紀，想走也走不了。要過個有尊嚴的老後生活，最好及早啟動四大帳戶，預約未來的幸福。

未來退休生活四大費用：「生活費」、「娛樂費」、「醫療費」和「照護費」，要過個有品質的生活，建議以此四大項目準備日後所需。

退休後四大帳戶

內政部二〇一四年最新統計資料顯示，國人平均餘命79.84歲，其中女性為83.19歲，男性為76.72歲，65歲以上男性，平均還能再活十七點九一年；女性可再活二十一點三三年，也就是說，達法定退休年齡後還有將近二十年

的生活要過。

　　現在台灣社會老年化和少子化現象非常嚴重，經濟活動能力也大不如前，社會思維改變「養兒防老」已經成為「養老防兒」，要防小孩來騙取退休金。在實務工作上，屢屢見到父母為成年子女扛債，老本被吃乾抹淨的淒涼。所以，不論現在的條件為何，在財務上或精神上，都要有退休後一切靠自己的實質行動與精神準備。

　　如果不要讓長壽成為詛咒，而要快樂且有尊嚴地過生活，需要花多少錢來維持退休養老生活、休閒娛樂、醫療和居家照護或長期照護四大活動呢？

　　以下為讀者試算一個人老後，四大帳戶所需花費的金額。假設現在是65歲且退休，活到85歲，78歲生重病或人生最後七‧三年需被照顧。

生活費

　　退休養老生活費每人每月算2萬元，不特別計算通膨和存款利息所得，二十年共480萬元（20,000×12×20＝4,800,000）。對勞工而言，這算中等消費水平。

娛樂費

　　休閒娛樂費含每年旅遊費用每人每月算2萬元，

不特別計算通膨和存款利息所得，二十年共480萬元（20,000×12×20 = 4,800,000），這種生活品質應該可以算是優質生活品質。

醫療費

隨著醫療進步和壽命延長，醫療費支出也越來越高。以目前78歲以上，每人需11萬，80歲以上，每人平均約14萬元。最後七年平均每人每年算13萬。

如果未來通膨算1%，到時13萬元會變成147,952元，簡單算至少103萬元（147,952×7 = 1,035,665）。

102年平均每人醫療保健費用——按年齡及性別分

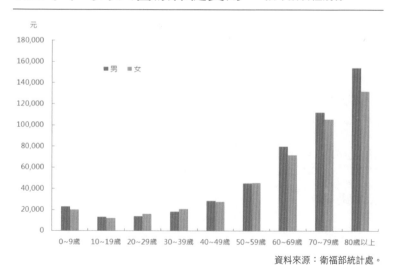

資料來源：衛福部統計處。

102年平均每人醫療保健費用 按年齡及性別分

	性別	總計	0~9歲	10~19歲	20~29歲	30~39歲	40~49歲	50~59歲	60~69歲	70~79歲	80歲以上
個人醫療	總計	8,537	442	373	490	765	1,030	1,584	1,585	1,309	959
保健費用	男	4,256	245	202	233	355	517	778	809	615	502
（億元）	女	4,282	197	171	258	410	512	806	777	694	457
一〇二年	總計	2,334	204	293	328	393	369	351	210	121	67
年中人口數	男	1,168	106	152	169	195	184	173	101	55	33
（萬人）	女	1,167	98	140	159	198	186	178	109	66	35
平均每人	總計	36,571	21,671	12,747	14,952	19,485	27,885	45,172	75,536	108,537	142,877
醫療保健費用	男	36,440	23,055	13,254	13,787	18,190	28,159	44,953	79,805	111,912	154,400
（元）	女	36,703	20,163	12,197	16,186	20,763	27,613	45,386	71,551	105,709	132,038

附註：平均每人個人醫療費用＝個人醫療費用/年中人口數

資料來源：衛福部統計處。

家庭自付醫療保健最終支出

單位：億元；%

	92年	93年	94年	95年	96年	97年	98年	99年	100年	101年	102年
家庭醫療保健最終支出	2,150	2,384	2,596	2,632	2,780	2,923	3,061	3,255	3,336	3,364	3,447
1.醫療用具設備及器材	183	205	194	195	196	201	202	228	226	212	222
2.醫療照護自付費用	1,312	1,465	1,688	1,696	1,822	1,952	1,974	2,043	2,219	2,239	2,315
住院(含生產)	219	294	309	325	364	391	378	370	436	408	468
門診	897	973	1,126	1,178	1,232	1,269	1,226	1,290	1,309	1,349	1,319
西醫	470	509	646	675	719	725	568	610	600	564	558
中醫	78	84	89	92	90	92	88	96	84	87	82
牙醫	47	51	57	57	59	61	63	69	63	64	63
假(鑲)牙及矯正	301	329	333	354	364	391	507	515	562	634	616
療(安)養院、月子中心、居家照護	151	152	204	149	170	247	326	334	422	442	485
檢驗院、放射線院等費用	15	15	18	15	16	12	10	12	14	6	7
民俗醫療費用	29	29	29	27	31	29	30	34	31	26	33
醫生證明書費	2	2	3	2	9	4	4	4	5	7	4
3.醫藥用品支出	654	714	714	741	762	769	885	984	891	913	910
非處方藥	405	400	381	354	351	338	506	535	422	316	312
西藥	163	154	158	145	142	137	312	317	229	127	124
中藥	243	246	224	209	201	201	194	218	193	189	188
健康食品及醫療保健用品	249	313	333	388	411	431	379	449	469	597	598
結構比(%)											
家庭醫療保健最終支出	100.00	100.00	100.00	100.00	100.00	100.00	100.00	100.00	100.00	100.00	100.00
1.醫療用具設備及器材	8.51	8.61	7.48	7.41	7.04	6.88	6.59	7.00	6.79	6.30	6.45
2.醫療照護自付費用	61.06	61.46	65.01	64.43	65.54	66.80	64.50	62.78	66.50	66.56	67.14
住院(含生產)	10.21	12.32	11.90	12.35	13.09	13.37	12.34	11.36	13.08	12.14	13.57
門診	41.71	40.82	43.39	44.74	44.32	43.43	40.05	39.64	39.24	40.11	38.26
西、中、牙醫	27.70	27.00	30.55	31.30	31.23	30.06	23.48	23.83	22.40	21.26	20.38
假(鑲)牙及矯正	14.01	13.81	12.84	13.44	13.09	13.36	16.57	15.82	16.85	18.85	17.88
療(安)養院、月子中心、居家照護	7.04	6.37	7.85	5.67	6.11	8.44	10.66	10.26	12.66	13.13	14.07
檢驗院、放射線院等費用	0.68	0.63	0.67	0.58	0.58	0.41	0.33	0.36	0.42	0.19	0.20
民俗醫療費用	1.34	1.23	1.10	1.02	1.11	1.01	0.98	1.04	0.94	0.79	0.95
醫生證明書費	0.08	0.09	0.10	0.08	0.33	0.15	0.13	0.11	0.16	0.20	0.10
3.醫藥用品支出	30.44	29.93	27.50	28.16	27.42	26.32	28.91	30.22	26.71	27.14	26.41
非處方藥	18.86	16.78	14.69	13.43	12.64	11.58	16.53	16.43	12.65	9.39	9.05
健康食品及醫療保健用品	11.57	13.15	12.81	14.72	14.78	14.74	12.38	13.79	14.06	17.75	17.36

資料來源：衛福部統計處。

　　根據統計，二○一四年65歲以上四大死亡原因，惡性腫瘤（癌症）居首，其次是心臟疾病，第三是肺炎，第四是事故傷害。如果是罹癌高危險群，在住院、放化療都由健保給付的前提下，標靶用藥等自費用藥一年100萬元估算，想撐過五年存活期以獲得更高的生存機率，至少應預備500萬元醫療帳戶，才夠用到85歲。

照護費

　　國人面臨的死因第一名癌症和第四名意外風險，都可能造成失能需要長期看護。

　　下列表顯示我國長期照護需求推估及服務供給現況，官方推估的資料：到民國一○四年全國失能人數為76萬人，到民國一二○年將達一百二十萬人。一生中長照需求約七．三年。

◆ 長期看護耗費不貲

　　老年居家照護原則和照護費用，居家養老、就地老化是最好的情況，家人還可以就近照護，雖然不方便，至少還可以住在家裡。可以參考「台灣社區照顧協會」提供的報價，有服務需求之65歲以上長輩或病人，服務級數必須經由協會評估。雙北每天四小時每週六天，每月25,000元起跳，中南部每月16,000元起。如果未來通膨算1％，

長照保險制度規劃

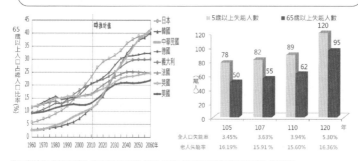

> ➤人口快速老化，需照顧人口急速成長
> > ➤老化速度較各國快，勞動人口負擔日益沉重
> > ➤105年全人口失能人數78萬人，120年快速增加至120萬人[註1]
> > ➤推估國人一生中長照需求時間約7.3年(男性：6.4年；女性：8.2年)[註2]

	■5歲以上失能人數	■65歲以上失能人數		
	105	107	110	120 年
全人口失能率	3.45%	3.63%	3.94%	5.30%
老人失能率	16.19%	15.91%	15.60%	16.36%

註1：資料來源：國家發展委員會-中華民國103至149年人口推計，103年；行政院衛生署國民長期照護委調查，99-100年
註2：資料來源：李世代：『長期照護』的發展與推動，台灣醫界53:1,99年

資料來源：衛生福利部社會保險司，105年8月簡報資料。

到78歲時，16,000元會變成18,220元，簡單算至少153萬元（18,220×12×7 ＝ 1,530,502）。

如果居家環境需要改造，如無障礙空間和浴缸等，一次性費用至少40萬。如果請外籍看護要提供吃住，每月至少25,000元；本國籍看護每個月至少3萬元。考慮通膨後，25,000元變成28,469元，外籍看護至少239萬元（28,469×12×7 ＝ 2,391,410）。本籍看護30,000元變成34,163元，本籍看護至少287萬元（34,163×12×7 ＝

2,869,692）。看護費用至少279萬元（40萬＋239萬），就是居家護理最少開銷，通常最好準備300萬元以上會比較安心。

如果狀況非常嚴重，家人也照顧不來，需要住在醫院附設的護理之家，讓專業醫護人員照顧，南部每月至少要3萬元，一年40萬元計，所以七年至少要準備280萬元。這是4人房的價錢，有看護和護士巡房幫忙處理日常生活大小事，可以減輕家人的精神負擔。當然另外聘請專人看護，要額外付費。

看護費用南北區域行情不同，友人父親植物人十多年，住台北養老院專人照顧，每年100萬元，已經花他1000多萬元。如果沒有一定的財力基礎，最好早日買保險，轉移財務壓力給保險公司。也避免一輩子辛苦所得，最後都貢獻給醫院和醫生。

◆ 未來看護工短缺，一定會漲價

未來外勞進口數量會減少，二〇一九年後國內可能看不到印尼女傭，印尼將在二〇一九年停止輸出女傭。由於印尼是台灣最大外勞進口國，屆時恐衝擊我國的外勞人力需求。到時候如果找不到外勞，只好找本國籍看護員，但國內完成照顧服務員培訓者約八萬人，卻僅一成實際投入照護工作，比例嚴重失衡。

伊甸基金會新北區長何天元舉伊甸三峽服務中心為例，服務超過六百名失能個案，若每五位需配置一名照顧服務人員，至少需要一百二十人，但目前三峽服務中心僅六十八名照顧服務員，嚴重供不應求。

最不得已，錢不夠請看護，甚至家人要辭去工作來做此工作，對家庭經濟的傷害會更大。老人倒了，年輕人事業正要起飛，突然要辭職面對，會拖垮下一代。少一份收入來源，對家庭成員的精神耗損也很大，許多社會悲劇就此發生。

四大帳戶分別獨立

如果是單身一個人老後的四大帳戶，第一帳戶「生活費」的480萬元不可少；第二帳戶「娛樂費」最好有480萬元；第三帳戶「醫療費」120萬元不可少；第四帳戶「照護費」最好有300萬元。第三帳戶和第四帳戶存入金額可能被低估，因為通膨只算1％，且各地方和各機構差異極大。萬一生重病第四帳戶錢不夠時，只好挪用第一帳戶和第二帳戶的錢。

如果夫妻共同生活，一起面對老後的四大帳戶。第一帳戶和第二帳戶總金額可以降低，但第三帳戶和第四帳戶總金額約略倍增。為維持同樣的生活水準，二人總花費是

一個人的總花費的一點八倍應該就夠了。

　　事實上，隨著醫學發達，壽命延長，老後生活品質不佳的時間也會延長，且健保自費金額和項目也越來越多。行政院主計總處資料顯示目前需要「被照顧」的時間高達九年，比衛福部的七・三年更久，顯然第三帳戶和第四帳戶的提撥金額，有必要再提高。

　　四大帳戶為個別獨立帳戶，最好趁早存入足夠的錢，避免拖累家人。如果經濟條件許可，年輕時多買一些保險，包含保障型的醫療險和長看險，將財務風險轉嫁給保險公司。

　　此外，也可考慮買一些儲蓄險或年金險或股票基金，厚實老本。當存夠四大帳戶的老本後，可以過一個富足、幸福而美麗的晚年。

2016年國民幸福指數統計

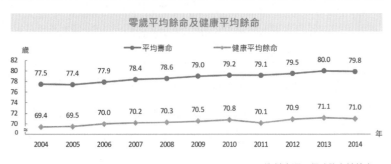

零歲平均餘命及健康平均餘命

資料來源：行政院主計總處。

退休前後的保單調整

要過得好命,先要資產配置得宜,風險控管好。

不管是幾歲退出職場,退休都是人生另一階段的開始,要退得安心、過得無憂,則要靠先前花心思布局,布局成果的好壞,攸關一生幸福。

一個人退休以後生活過得好,大概就是傳統老人家說的好命。要怎麼好命呢?這是有方法的,最重要的是資產的配置與風險的估算,前者為自己備糧與財富移轉,後者避免為身邊的人帶來負擔。

全人全程的規劃

理財規劃顧問一定會提醒,退休規劃越早開始越好。在風險控管上,理想的保險以全人全程來規劃,在年輕財力有限的時候,以勞保、健保等社會保險制度為基礎,加上基本商業保險,先為建立自己的基本保險平台,接續再以個人不同的發展階段依照個人預算和需求,逐步為自己

打造完整的保障。

全人全程的理想規劃

資料來源：吳家揚整理。

基礎保障

　　相關勞健保等社會保險制度，應了解自己權利範圍。公司團體保險，通常是公司付費。若有機會自費加入公司團保，千萬不要放棄自己的權益，連家人也可能可以一起投保。團體保險的優點是便宜，缺點是一年一保、只有基

本保障，離開公司通常會失效。

　　基本保障以30歲以下族群為主，有固定薪資收入且逐年增加：購買壽險主約，至少附加實支實付附約、意外險和住院醫療險。

加強保障

　　以30歲到45歲為主，此群組此時通常有經濟基礎且家庭責任加重：增加防癌險、特定傷病險、長期看護險、新型態手術險和投資型保單（壽險）。如有預算可加買重大疾病險和終身醫療險。

投資型保單（壽險），每個月每百萬保險成本

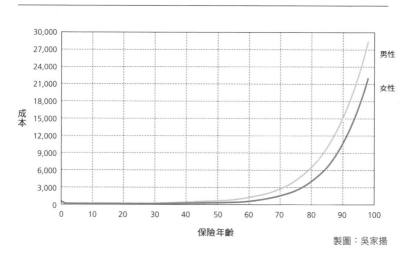

製圖：吳家揚

如果需要「高額壽險」保障，年輕時可以考慮用終身「投資型保單」但視為「定期險」，保障30歲到65歲，總繳保費會比定期險和終身壽險保費少許多。

完整保障

45歲以上，是以照顧老後生活品質為主：此階段應該有一定的財務基礎，投資型保單（年金險）、儲蓄險、年金養老險可以考慮，或想辦法多存下一些錢，因應未來所需。

退休前十年仍可亡羊補牢

不過，千金難買早知道，也是人性的弱點。如果年輕時，沒有及早做財務規劃和保險規劃，至少在準備退休的前十年左右，一定要身體力行開始行動。準退休族群可以透過保單調整，為自己謀福。

對我們一般人而言，老後的醫療需求是首要的考量。人的一生要能都沒病沒痛，那是莫大幸運，但現代人餘命長，從65歲退休活到85歲，還有二十年時間要過，連鐵打的機器都會老化磨損，何況是人體。因此，要過稍有品質的晚年，並要避免讓自己成為家人的沉重的負擔，是一般人一定要顧及的。

退休後加強醫療險和長期看護險

為老後盤算，為退休考量加強的險種，首推增加醫療險保障和長期看護險保單。

保費的計價與年齡呈正相關，退休前這時候買醫療險與年輕時相較，會覺得好貴。從金額上來看是這樣沒錯，但是人的身體狀況也不一樣了，如果體況還好或保險公司還願意加費或除外承保，應該要買，不要省那些保費，否則出事會造成家人沉重的財務負擔。

過去老一輩的人比較沒有保險觀念，就是不想買或買個簡單的壽險，以為死亡有喪葬費就夠了，結果生命慢慢被折磨也死不了，需要長期照護。萬一失能需要看護照顧，一年所需的費用40萬元起跳（這是南部相對低的價碼，北部一‧五倍起跳）。透過長期看護險、類長看險或殘扶險，這些費用可以轉嫁給保險公司。

如果夠有錢，要考慮財產移轉

如果是高資產族群，未來可能需要繳遺產稅，「財富移轉給下一代」則要納入考量。一般來說，如果你需要繳遺產稅，淨資產排名可能已經名列台灣前3％了。財產移轉可透過許多型式和標的物，「高保額壽險保單」就是其

中一種選擇。

透過保單填寫受益人，要保人可以自由控制自己的錢給指定的受益人，通常是子女或特定人士（機構）。好處是不需要納入遺產總額計算，且不受遺屬和特留分之影響。但民國九十五年一月一日後所簽訂的保單（年金險和壽險），當理賠金額超過3,330萬且要保人不同於受益人時，受益人必須申報個人基本所得稅額（最低稅賦制）。

當然並非所有保單在任何情況下都免稅，要適當安排「保單險種和保額、要保人和受益人、投資標的、保單購買日期」。財政部緊盯保單八大態樣核實課稅：重病投保、高齡投保、短期投保、躉繳投保、鉅額投保、密集投保、舉債投保、保險費高於或等於保險給付。最近幾年保單被課稅的法院判決越來越多，及早做保單規劃，可以盡量免除「保單實質課稅」的困擾。

保單是要保人的財產，易於控制，想要財富和平移轉給下一代，應趁早思考「贈與稅、遺產稅和所得稅」的問題。透過保單是一個好的選項，可合法節省稅金，萬一保單被實質課稅，至少可以照顧到我們指定要照顧的對象。

保費越來越貴，規劃執行要趁早

退休之後的收入縮減，運用先前累積的資產如保單、

股票基金、房地產等當退休金，這些資產創造現金流的能力和品質就很重要。

　　因為利率越來越低，未來儲蓄險的儲蓄效果將更差。盡管如此，從資產整體規劃的角度，儲蓄險仍可作為核心資產的一部分，將其納為退休金的一環。整體評價之下，美元利變型保單，預定利率2.75％、宣告利率3.6％，算是條件相對好的儲蓄險保單。此外，年金險也很適合做退休金的一部分，但要趁早執行。

以各種樣貌出現的金錢

多數人的錢不夠用是心理貧窮，捨不得或不知將現有資產轉換為可用現金。

我常和朋友聊天，觀察到當前台灣絕大部分人說自己「沒有錢」，這樣的說法實在太詭異。有工作就會有收入，收入就是錢。舉凡有投資，無論是利用何種投資工具，姑且無論存下多少，錢就是錢，無損「有錢」的事實。

那大多數人認為自己「沒有錢」，是怎麼回事呢？這牽涉到「心理帳戶」的問題。打個比方，我們都知道水可以三種型態存在，固態、液態和氣態，本質上不變的東西，但是出現的型態不同。

一般人所說的沒有錢，通常是指「不在預算內」或「沒想過要花的這筆錢」。常見的是，有股票基金和現金，但卻沒錢買「保險」，因為保費險沒有在「心裡帳戶」內，即使可以透過很簡單的轉換動作。

我們的錢以什麼樣的型態存在著呢？用下圖來說明：

現金的型態與流向

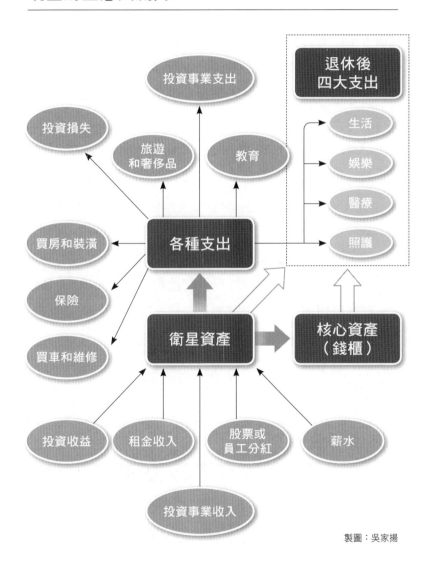

製圖:吳家揚

自己準備一個「私人銀行」

「私人銀行」是指什麼？舉凡我們常用的投資工具都算，例如股票、基金、房地產、銀行存款和保險等，人人會有屬於自己的錢櫃。養大錢櫃，也是我們很重要的投資理財目標。

錢會流入「私人銀行」內，流入錢櫃的錢，可能有投資收益、租金收入、股票或員工分紅、薪水和投資事業等收入。錢也會流出「私人銀行」外，流出錢櫃的錢，可能有保險費、生活費、投資損失、奢侈品、教育費用、汽車維修、旅遊、房屋裝潢和投資事業等支出。

私人銀行網絡中有些項目目前雖然是現金流出，但最後會轉變成現金再流入。就像水一般，受熱從大海蒸發變水蒸氣，集結成雲，然後隨環境轉變為雨或冰，共存於世界各地，以不同面貌呈現。我們的錢又何嘗不是如此，以不同面貌出現。

退休金怎麼存？

不管幾歲退休，如果擔心未來生活品質堪憂，年輕時就必須厚植錢櫃內的資產。保險可以轉移部分或全部「醫療費」和「照護費」的財務風險，代價是付出保費，犧牲

「投資獲利」的機會成本。

　　「生活費」和「娛樂費」，就必須平時不斷的累積資產才行。主要是工作收入，其次是理財收入。當財富達到一定水平後，就可以靠被動收入來支持生活所需。

退休活化資產創造現金

　　投資工具各有不同的特質，房地產為不動產，處理起來相對麻煩，時間也最久。股票和基金，一般人很容易被套牢，本來想賺點零用錢花花來改善生活品質，卻經常不幸的長住理財專家的口中的「總統級套房」，「動產變為不動產」，讓人捨不得離開。

　　多數保守型的人，就將錢放入保險公司或銀行中，比較妥當。這些工具會從「現金流量」，逐漸轉變成「現金存量」。

　　可將不同形式的錢，活化你的資產變現，將資產轉換成現金，支付日常支出。當錢不夠用時，通常是年紀大或生重病退出職場時，資產就必需轉換成現金的型態來因應。

　　變賣不動產搬到便宜的地方生活，或「以房養老」、變賣股票或基金、高收債月配息、還本型壽險，或保單解約拿回解約金或保價金等，都可以產生現金流。前提是要

有這些值錢的資產放在錢櫃中。我們趁年輕有能力時，厚植實力，養活未來沒能力的自己，一生不要留下「財務上」的遺憾。

有錢人會這樣做

一般人會先買個房子，然後當屋奴數十年，沒錢做其他事，也將風險全部攬在自己身上。優先順序不同，結果差很多，這是我常和別人聊天而觀察到的心得。一般人想投資，又怕受傷害，造就台灣地區超額儲蓄率，對個人資產管理大為不利。

台灣大富翁一千五百七十人，有80％住台北，因為他們懂得放手讓CFP、會計師、律師等專業人士幫忙理財，或許他們本身就是這些專業人士。

有錢人會將風險轉嫁給保險公司，另外會投資基金或股票，也有屬於自己的房子和地產，應該適當承受風險，才能享受美好的財富果實。

5 完全解構 勞工退休金制度

勞工要過一個有尊嚴的晚年,務實做法是 將勞保、勞退這兩筆錢當成額外福利。

勞工要怎麼存退休金,未來才能擁有舒適的晚年?舒 適的生活牽涉到個人的價值觀與生活規劃,一般來 說,合理的所得替代率是70%(所得替代率:退休後第

退休金制度有三層

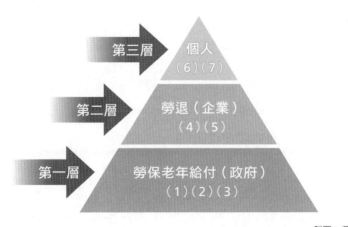

製圖:吳家揚

一年的所得÷退休前一年的所得）。那麼，在現行的社會制度架構下，白領、藍領勞工的退休金要如何計算？

現行的退休金制度架構有三層，政府負責第一層勞保，企業負責第二層勞退，不夠的部分第三層由個人負責。目前勞保的不良設計，讓勞工繳少領多，潛在負債讓這個制度破產風險高，變成標準的「龐氏騙局」。

勞保財務每三年精算一次，二〇一六年二月份精算報告，勞保基金將在二〇一九年入不敷出，二〇二七年破產，和上回精算結果相同。

社會保險包羅萬象，非常複雜。這裡先不考慮國保年資或其他複雜的狀況，只提供勞保勞退最基本的退休金計算概念。如果你的狀況比較特殊，可到勞動部勞工保險局網站試算，或請教理財規劃顧問。

第一層：勞保老年給付

勞保可區分為「新制」和「舊制」，都以「平均月投保薪資」為計算標準，有三種情境。請領時才決定採用新制或舊制，不需要現在決定。

勞保新制可分為「老年年金給付」和「老年一次金給付」。「老年年金給付」的優點是有展延年金（延後領，每年增加4%，最多增加20%）和減額年金（提早領，每

年減少4％，最多減少20％）的功能，而且投保年資不會浪費。但舊制「一次請領老年給付」，投保年資有可能浪費掉，而且給付金額固定。

若選新制的「老年年金給付」到死亡時請領的退休金額比選舊制的一次請領老年給付少時，還有保證領回差額的「差額給付」或「遺屬年金」。政府希望你慢慢領、領得多，照顧老年生活，也不會增加政府短期財政負擔。如果稅收不夠，實際上反而增加政府長期財務風險。

老年年金給付（1）

民國九十八年一月一日以後投保者，只有新制年資。「老年年金給付」（年資大於十五年）的計算基礎為「加保期間最高六十個月平均月投保薪資」。

公式A：平均月投保薪資 × 年資 × 0.775％ ＋ 3,000（元）

公式B：平均月投保薪資 × 年資 × 1.55％（元）

以公式A或B計算，擇優領取。原則上，薪資越高和年資越多者，選B較有利。領取金額會隨CPI累計成長率而調整，每個人調整年度會不同，自己要精明且要試算。

老年一次金給付（2）

民國九十八年一月一日以後投保者，只有新制年資。「老年一次金給付」（年資小於十五年）的計算基礎為「加保期間最高六十個月平均月投保薪資」，最高四十五個基數。逾60歲以後之保險年資，最多以五年計，最高五十個基數。

立法院二〇一六年十一月一日三讀通過，年資大於十五年者，也可以領「老年一次金」，總統於一〇五年十一月十六日公布實施。

> 公式：【（1～15年年資）×1基數＋（16年以後年資）×2基數】×平均月投保薪資（元）。

一次請領老年給付（3）

民國九十八年一月一日以前投保者，可任選舊制年資或新制年資。若選擇舊制年資者，為「一次請領老年給付」，計算基礎為「退保當月起前三年平均月投保薪資」。若選擇新制年資者，勞保給付計算方式回到「老年年金給付」或「老年一次金給付」。

公式：【(1〜15年年資)×1基數＋(16年以後年
資)×2基數】× 平均月投保薪資（元）。

「基本」老年給付最高四十五個基數（60歲前），所
以舊制勞保基本老年給付一次請領金額為：

43,900×45 ＝ 1,975,500元。

如逾60歲繼續工作者，其逾60歲以後之保險年資最
多以五年計，但合併60歲以前之老年給付，最高以五十
個基數計算。所以舊制勞保老年給付一次請領金額上限
為：43,900×50 ＝ 2,195,000元。

勞保新制（1）（2）給付要件，請領年齡逐年提高

「老年年金給付（1）」和「老年一次金給付（2）」：
請領年齡為民國四十六年次（含）以前為60歲，而民國
五十一年次（含）以後為65歲。

「老年年金給付」增加特殊性質工作「高壓室內作業
和潛水作業」的規定：合計滿五年，年滿55歲並辦離職
退保者，得請領老年年金給付且不適用減額年金的規定。

勞保舊制（3）一次請領要件

	男	女	投保年資
屆齡老年給付	60歲	55歲	1年
標準老年給付	55歲	55歲	15年
長期工作老年給付	同一投保單位：無年齡限制		25年
	不同投保單位：50歲		25年
特殊工作老年給付	高壓室內作業和潛水作業：55歲		5年

製表：吳家揚。

第二層：勞退給付

勞退也可區分為「新制」和「舊制」，都以「平均工資」為計算標準。必須於民國九十九年六月三十日前改選新制，未改選者仍繼續適用勞退舊制。決定後，無法變更。

勞退新制（4）

民國九十四年七月一日以後投保者，為勞退新制，適用「勞工退休金條例」。企業「每月提撥平均工資」6%～15%進勞工「個人退休金專戶」內，通常為6%，個人可以將退休金帶著走。

在勞工退休時，依個人退休金專戶內累積本利和，可一次領出或按月領，利用年金公式，精算每個月應該核發的月退金。

勞退舊制（5）

民國九十四年七月一日以前投保者，為勞退舊制，適用「勞基法」。計算基礎為「退職前六個月平均工資」，最高45基數。

> **公式**：【（1～15年年資）×2基數＋（16年以後年資）×1基數】× 平均月工資（元）。

勞退新制（4）給付要件

勞工年滿60歲便可以請領退休金，提繳退休金年資滿十五年以上者，應請領月退休金，提繳退休金年資未滿十五年者，應請領一次退休金。領取退休金後繼續工作提繳，一年得請領一次續提退休金。

勞退舊制（5）給付要件

依據勞基法的退休規定，勞工需在同一事業單位工作

十五年以上且年滿55歲；或在同一事業單位工作十年以上年滿60歲；或在同一事業單位工作二十五年以上，才能自請退休。

第三層：個人

個人存退休金的方式很多元，基本上也分兩大區塊。

勞工個人退休金專戶（6）

民國九十四年七月一日以後投保者，為勞退新制，適用勞工退休金條例。個人每月提撥平均工資0％～6％進勞工個人退休金專戶內，最好是6％，可以將退休金帶著走，且免繳所得稅。

在勞工退休時，依個人退休金專戶內累積本利和，利用年金公式，精算每個月應該核發的月退金。

個人平時的退休規劃（7）

個人退休規劃有四大風險：長壽風險、通膨風險、健康風險和投資風險，都要列入考量。

舒適的退休生活，所得替代率至少要70％

以目前政府提供的數字顯示，以平均值而言，第一層

勞保所得替代率約24％，加上第二層勞退所得替代率約16％，政府和企業提供的所得替代率大約40％，自己要設法存到30％以上。

第三層勞退自提所得替代率也可達16％，可惜人數太少。統計至民國一〇四年五月十四日為止，個人專戶人數一千零一十四萬餘人，自提人數只有三十六萬餘人。越是高薪者，所得替代率越低，之前被投保上限43,900元卡住了。如果年金改革成功後，所有勞工的所得替代率可能會進一步下降。

如果你夠年輕，未來勞保勞退開放基金自選方案時要善加利用，適當承受投資風險。不管薪水高低，平時勞退自提6％也要善用，退休後的所得替代率才能有效提升。

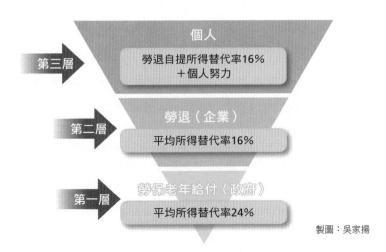

製圖：吳家揚

存退休金，自己要負起很大的責任

　　許多理財規劃顧問幫民眾規劃退休時，都會將政府負責第一層勞保和企業負責第二層勞退的金額考慮進去，確實可以減少民眾存退休金的壓力。本來這樣做也沒有問題，但時空環境變了，如果一開始就算得剛剛好，但退休前後發現勞保勞退基金正要破產，退休金遠遠不夠用時，就來不及了。舉例來說，民國五十一年次的勞工，勞保新制給付要件是65歲，萬一在二〇二七年剛好勞保基金破產，雖然政府負最後責任，但會少領很多。

　　行政院核定：民國一〇五年五月投保薪資上限將從43,900元調整到45,800元，平均勞工每個月需要多繳38元保費，企業多繳133元，退休後可以月領21,297元，較先前多領883元。但這樣做只會使勞保基金的破產年限提前，沒有太多讓人高興的理由。避免勞保勞退基金破產的辦法，不是破產清算，全部或部分重來，就是繳多領少延後退休。

　　個人在做退休規劃時務實的做法是，暫且先忘記勞保和勞退兩筆錢。有領到就當成額外的福利，才能真正保障退休後生活無虞，過一個有尊嚴的晚年。否則這兩筆錢也要以目前水準打三折或四折比較保險。

6　無負擔的理財退休

理想的退休財務規劃是退休後不會造成別人的負擔。

大家都在談年金改革計畫，改革不成功，國家逐漸衰敗堪虞，國家級的年金改革委員會如火如荼展開與社會各階層代表對話，各族群代表都認為改革有必要，但唯一共識只有「我的權益不能受損」。

雖然這樣說是事後諸葛，但是當年握有權力的政客、高階公務員和民意代表，計算和通過不當設計的制度時，就注定撕裂族群和世代對立了。現在民智已開，國家年金破產的急迫性，逼著大家要面對事實。

當時的不當設計都用法律條文保護，現在只好立新法除去部分不合理的設計，延緩現在制度的破產期限，新的制度則要可以永續經營。

制度既然是人制定的，當然也是人可以修改的。

從理財規劃人員角度，對於年金的改革我認為有更可行的方式。

目前的退休養老制度

目前的退休養老制度可分為三層次，第一層和第二層由個人、企業和政府，依職業別按一定比例提撥，且政府要負最終責任，第三層透過個人理財自存。

不管你喜歡不喜歡，現實就是這樣，不管哪個職業別，都有「繳少領多」的設計。

大家都是繳少領多，難怪所有制度都會破產，尤其遇到台灣人口紅利消失，人口老化少子化特別嚴重，經濟成長也出現問題，才將這個問題提早引爆。

目前的退休養老制度（類似德國俾斯麥年金制度模式）

製圖：吳家揚

「理想的」的退休養老制度

理想的退休養老制度一樣分為三層次，第一層由個人和政府按一定比例提撥，且政府要負最終責任。第二層政府提供專案平台，第三層透過個人理財自存。

個人建議政府可以成立新的「台灣保險」和「台灣年金」制度，新的制度要永續經營，至少支出和收入要相當。如果一個新制度第一層中的「台灣保險」每個人每個月可領2萬元到死亡，個人和政府各負擔一半，從15歲到65歲，繳費期限最多四十年，專款專用。

可以依照現行國民年金制度設計出費率，強制執行且不分職業別，這樣可確保每人在65歲領年金時有2萬基本生活費。至於沒錢繳費的民眾由政府補助，所以政府最多負擔金額上限2萬元，和現有制度比起來，負擔不會太大。

第二層「台灣年金」投保上限每個月存4萬，不限職業類別和所得類別，依自己的能力存錢。不強迫，但政府提供免所得稅優惠，專款專用，只進不出，65歲才能開始提領。

政府只需提供平台，類似「私校退撫儲金管理會」，提供專家操作或自選基金，基金以穩健型、貨幣型和ETF

理想的退休養老制度（類似英國貝佛里奇年金制度模式）

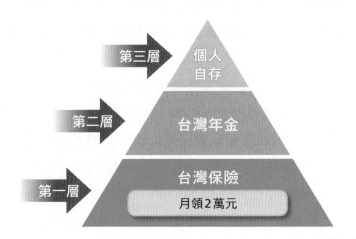

製圖：吳家揚

為主，政府不須保證且盈虧自負。

如果認為每個月2萬元的「基本生活費」太少，平時第二層就要多存錢。如果每個月6萬元「生活費」還是太少，就靠第三層存錢。自己的財務和生活品質由自己決定，達到「週休七日、月領七萬、年遊七國」的理想境界。

如果是犯罪者（被褫奪公權）或華僑（生活重心都在國外），第一層怎麼領可能再討論，但第二、三層是自己的錢，原則上沒有這些問題，犯罪所得除外。

在職時，有能力領高薪和好福利是自己的本事，但65歲退休後人人平等。這樣設計的架構，簡單明瞭，政府也不會負擔太大。不管是誰，65歲後都不能再加入「理想的」退休養老制度。

現制怎麼改，各說各話沒有聚焦

既然大家對年金改革有共識，就是改別人可以，只要不要改到我的就好。現在薪資倒退回到十八年前，但房價至少是十八年前的兩倍，經濟也提不起勁，年輕人和低薪者普遍覺得生活壓力很大，甚至不婚不生，間接也造成社會問題。

如果時光可以回到各制度的舊制——「一次金」時代，而非「各制度的新制」年金時代，當成大家對話的時間點。已退休人員，不管選什麼給付方式，當年金提領「總金額」大於「一次金」時，就停止發放退休金，直接給2萬元，國庫可以省下不少錢。至於沒有退休一次金或超高退休金的族群，另外討論。

年金改革一定會痛，不改可能會慢慢死亡，要拿捏好，政府和民眾都要有智慧，放棄自己的既得利益，很難，幾乎是不可能。最近的例子就是「希臘」破產，不管願意不願意，財政就被歐盟和強國綁住了，撙節支出大砍

福利。更遠的例子是「智利」，軍事政變成功後大改退休金制度。台灣要何去何從？大家要想清楚，破產後大家一起沉淪。

根據理想的制度，政府和企業都可以從目前的制度中釋放出資源和金錢，可將其投入經濟發展或其他社會福利中。

年金改革和財務透明化

各國或多或少各有不同的退休制度問題，但一些國家的積極做法很值得參考。舉例日本，國家電視節目就教育大家為什麼要做理財規劃，小孩子都會討論理財的事。日本政府認為個人理財規劃很重要，日本成立公共電視頻道推廣理財觀念，理財教育從小教起。大家如果有正確的理財觀念，也可以減少政府的財政負擔。

我們也可以參考一下日本的做法，台灣政府也可以釋出一個頻道專門製作年金討論議題、進度、各職業別的新舊制收入支出和投資效益、基金操盤人投資策略、外包評估標準、專家與民眾對談等。

現有的年金制度排列組合之後有數十種之多，複雜程度大概也是舉世無雙，各年金應做成月報、季報、半年報和年報，攤在陽光下讓大家公評。也可仿效日本政府，將

民眾理財教育置入節目中。

　　不管是用現在制度做調整或破產清算或全新的制度，就是要「理想的制度」可以永續經營且盡快實現，當「理想的制度」規模遠遠大於「目前的制度」時，國家年金財政危機才有機會解除。給年輕人希望，須要我們一起來忍痛執行。

自己的財務自己顧，
退休後不要造成別人的負擔

　　平常就要有正確的理財計畫並付之實現，不要造成別人的負擔，包含家人子女或社會。真的有困難時，要找到相對應的政府或民間單位，盡早尋求協助。投資理財是一門學問，必須花很多心力去學習，至少要做到資產隨時間而穩定成長的目的，自己的財務自己顧，退休後不要造成別人的負擔。

國家圖書館出版品預行編目（CIP）資料

照著做,提前10年享受財富自由／吳家揚著
—初版．—臺北市:商周出版:家庭傳媒城
邦分公司發行, 民105.12
　　面；　　公分—
ISBN 978-986-477-163-9（平裝）
1. 家庭理財 2. 投資

421.1　　　　　　　　　　　105023429

照著做，
提前10年享受財富自由

作　　　　者／吳家揚
責 任 編 輯／張曉蕊
校　　　　對／魏秋綢
版　　　　權／黃淑敏、翁靜如
行 銷 業 務／莊英傑、周佑潔、林秀津

總　編　　輯／陳美靜
總　經　　理／彭之琬
發　行　　人／何飛鵬
法 律 顧 問／台英國際商務法律事務所
出　　　版／商周出版
　　　　　　台北市中山區民生東路二段141號9樓
　　　　　　電話：（02）2500-7008　傳真：（02）2500-7759
　　　　　　E-mail：bwp.service@cite.com.tw
發　　　行／英屬蓋曼群島商家庭傳媒股份有限公司　城邦分公司
　　　　　　台北市中山區民生東路二段141號2樓
　　　　　　電話：（02）2500-0888　傳真：（02）2500-1938
　　　　　　讀者服務專線：0800-020-299　24小時傳真服務：（02）2517-0999
　　　　　　讀者服務信箱：service@readingclub.com.tw
　　　　　　劃撥帳號：19833503
　　　　　　戶名：英屬蓋曼群島商家庭傳媒股份有限公司　城邦分公司
香港發行所／城邦（香港）出版集團有限公司
　　　　　　香港灣仔駱克道193號東超商業中心1樓
　　　　　　電話：（852）2508-6231　傳真：（852）2578-9337
　　　　　　E-mail：hkcite@biznetvigator.com
馬新發行所／城邦（馬新）出版集團
　　　　　　Cite（M）Sdn Bhd
　　　　　　41,JalanRadinAnum,BandarBaruSriPetaling,
　　　　　　57000KualaLumpur,Malaysia.
　　　　　　電話：（603）9057-8822　傳真：（603）9057-6622
　　　　　　E-mail：cite@cite.com.my

內文設計排版／黃淑華
印　　　　刷／韋懋實業有限公司
總　經　　銷／聯合發行股份有限公司
　　　　　　電話：（02）2917-8022　傳真：（02）2911-0053
　　　　　　地址：新北市231新店區寶橋路235巷6弄6號2樓

■2016年（民105）12月初版
■2019年（民108）2月26日初版2.8刷
ISBN 978-986-477-163-9

Printed in Taiwan

城邦讀書花園
www.cite.com.tw
定價360元